激光加工木材传热
传质及多场耦合研究

刘清伟　刘天祥　著

哈尔滨工程大学出版社
Harbin Engineering University Press

内 容 简 介

本书系统地阐述了激光加工木材传热传质及多场耦合技术,包括激光能量转化过程分析、激光与气流相互作用过程、辅助气体阻燃效应、多物理场有限元建模、激光复合加工烧蚀演化分析、气体扩散等浓度分布、气体射流撞击过程与影响、激光切割质量分析、趋势预测、影响评价分析等内容。

本书可作为激光复合工艺与木材微细加工领域设计、科研、教学用书,也可作为木材加工质量控制、异性构件生产、激光无损加工等工艺人员的参考书。

图书在版编目(CIP)数据

激光加工木材传热传质及多场耦合研究 / 刘清伟,刘天祥著. —哈尔滨：哈尔滨工程大学出版社,2023.6
ISBN 978-7-5661-3982-5

Ⅰ. ①激… Ⅱ. ①刘… ②刘… Ⅲ. ①木材加工-激光加工 Ⅳ. ①TS65

中国国家版本馆 CIP 数据核字(2023)第 103921 号

激光加工木材传热传质及多场耦合研究
JIGUANG JIAGONG MUCAI CHUANRE CHUANZHI JI DUOCHANG OUHE YANJIU

选题策划　刘凯元
责任编辑　章　蕾
封面设计　李海波

出版发行　哈尔滨工程大学出版社
社　　址　哈尔滨市南岗区南通大街 145 号
邮政编码　150001
发行电话　0451-82519328
传　　真　0451-82519699
经　　销　新华书店
印　　刷　哈尔滨午阳印刷有限公司
开　　本　787 mm×960 mm　1/16
印　　张　12.5
字　　数　235 千字
版　　次　2023 年 6 月第 1 版
印　　次　2023 年 6 月第 1 次印刷
定　　价　68.00 元
http://www.hrbeupress.com
E-mail:heupress@ hrbeu.edu.cn

前　言

　　木材作为一种可再生和循环利用的生物资源,具有天然的纹理之美和优良的加工性能,是世界公认的绿色材料之一。传统木材机械加工主要以锯切、铣削、刨削、砂光等方式为主,这些方式由于加工锯路宽、加工余量大、运动轨迹约束等条件限制难以实现复杂构件的非接触成型加工。激光加工作为一种先进的特种加工技术是科学发展的典型创新性成果,是我国加工行业优化提升的重要基础。作为对传统工艺的渗透和替代,激光加工的自主可控、安全高效等优势使其在木材加工领域得到发展,而其绿色节能的加工过程以及综合利用率的提高也符合我国木材加工行业优化升级的产业政策。但是木材的燃点较低,激光聚焦产生高温在使木材瞬间汽化的同时,也导致切口周围热影响区扩大,致使激光加工表面产生烧痕和残碳现象,严重影响木材加工表面精度和成型质量,限制了该工艺的推广应用。针对上述问题,本书将气体辅助与木材激光加工有机结合,通过理论分析、多场耦合模拟以及实验验证的方法对气体辅助激光加工薄木技术进行系统性研究。

　　本书包括以下内容:第1章引言;第2章激光加工木材的理论研究;第3章气体辅助激光加工薄木的机理研究;第4章气体辅助激光加工的热过程分析;第5章气体辅助激光加工薄木的温度场仿真分析;第6章辅助气体扩散数值的仿真分析;第7章气体流场对激光加工薄木影响的仿真分析;第8章气体辅助激光加工的设备设计;第9章气体辅助激光加工薄木的工艺及质量研究。

　　本书是在黑龙江八一农垦大学定向培养(引进人才)科研启动基金项目(XYB202205)、中央高校基本科研业务费专项资金项目(2572019AB23)等课题资助下,由刘清伟、刘天祥共同撰写完成。其中刘天祥撰写了第1,2,3,4,8章及结论,刘清伟撰写了剩余部分。

本书在撰写过程中得到了黑龙江八一农垦大学相关同事的大力支持,在此致以谢意。本书参考了大量国内外相关著作、文献等资料,在此向这些资料的作者表示最诚挚的感谢。

由于著者研究水平和能力有限,书中难免存在错误之处,恳请广大读者批评指正。

著　者

2023 年 3 月

目　　录

第1章 引 言

1.1 研究的目的和意义

木材是一种具有独特质地和天然纹理的多孔介质材料,其天然的纹理色彩和独特的材料质地给人一种亲切的美感。木材作为重要的工业原料及生产原料,在房屋建筑、造纸工业、家居装饰、路桥建设、能源应用等领域得到了广泛的开发和利用。木材及其产品在一定程度上具有不可替代性。在宏观经济平稳运行的背景下,人们对木材制品的需求增长迅速。木材制品以其丰富的样式以及典雅的外观等特点在家居装饰等领域得到青睐,图 1-1 为木制品加工样件。传统木材加工主要以铣削、抛光、切割等机械方式加工为主,这些方式存在锯路宽、加工余量大、无法在任何位置进行加工以及难以加工复杂木材制件等问题。同时,受木材力学性质、几何形状、刀具质量和切削方法的影响,以及刀具与木材之间的相对运动和切削力的作用,木材成型制品表面经常出现木纹凸起、木毛刺、波浪式刀痕、屑片压痕等加工缺陷,影响木制品构件的加工精度和外观质量。加工过程中产生的锯末及碎屑还会对环境造成污染。基于加工精度、表面粗糙度等质量要求,木材机械加工中刀具转角的控制具有上限限制,对于木材综合利用率的提高以及复杂曲面木制品的精加工等需求无法充分满足。

根据第九次全国森林资源清查统计结果显示,我国森林覆盖率仅为 22.96%,而全球森林覆盖率的平均水平为 30.7%,与之相比,我国森林资源依旧相对匮乏,森林生态依旧相对脆弱。近年来,尽管我国森林覆盖率、森林蓄积量、森林质量和结构具有明显改善,但我国人均森林生态指标仍处于较低水平。世界人均森林面积是我国的 4 倍,但人均森林蓄积量则达到我国的 7 倍。面对日益增长的木材需求,目前,全球范围内林业发达国家的木材综合利用率已超过80%,而我国的利用率大约为63%,较大的差距使得创新加工生产模式势在必行。

(a)木质工艺品　　　　　　(b)异型木制品　　　　　　(c)木材雕刻

图 1-1　木制品加工样件

激光的诞生对现代科学技术的进步起到了巨大的推动作用。作为一种先进制造技术,激光加工通过高能量密度的激光束与材料相互作用可以实现复杂构件的非接触式加工以及高效率成型,几乎不受材料属性的限制。激光既可以加工钢、铝、合金等金属材料,也可以加工玻璃、陶瓷、木材等非金属材料,并且对高硬度、高熔点和脆性材料也有很好的加工效果,其实现了光、机、电技术相结合。激光加工作为一种先进制造技术,被誉为"21世纪万能的加工工具"。随着激光加工工艺的不断创新和优化,激光加工技术已经愈来愈多地渗入诸多高新技术领域。木质材料对激光具有良好的吸收性能,尤其是加工异形曲面木制品时,激光加工可以克服传统刀具几何形状的限制,使得加工材料在材质、尺寸、形状以及加工环节等方面的选择具有很大的自由度、优异的空间和时间控制性。但是木材的燃点较低,当高能量激光束照射时,被照射处的材料迅速气化,同时受到光束模式和激光输出功率的影响,部分被辐照区域内的光束功率密度低于材料气化所需的能量,导致木材加工表面发生燃烧反应进而使热影响区增大。严重的碳化现象不仅影响木材的物理性能及视觉美感,同时导致木材表面粗糙度增大,进而影响木制品表面质量。诸多因素限制了激光技术在木材加工领域的应用与普及。

随着我国森林生态建设的持续推进,森林有效供给逐步缩减,如何在木材资源有限的情况下实现资源的高效利用,在同等资源消耗下提高利用率以及加工质量,对平衡木材供求矛盾关系具有重要意义。因此,探索激光复合工艺提高木制品表面加工精度和成型质量,减少加工过程中的资源浪费并提高木材加工的出材率,有效发挥木材特性以实现木制品精细加工,通过技术创新深化木材资源的经济价值,拓宽其应用领域,提高林木资源的利用率和产品附加值并保持国际市场竞争力,是目前木材加工行业所面临的实际问题。

随着我国经济快速发展和人民生活水平的逐步提高,社会对木材资源的需求量也在不断升高,人们对木制品的质量要求也提出了更高的标准。而激光加工木材是从金属材料加工领域兴起并衍生而来的一门先进加工技术,通过与计算机控制的自动化设备相结合,利用激光束仿形切割能力实现零件的成型加工。在激光加工木材过程中引入气体辅助工艺,通过气体的抑制燃烧作用降低和避免激光直接加工木材时表面碳化严重、过度烧蚀等缺陷问题,同时,利用与激光束同轴吹出气体射流的协同作用将熔融残渣吹除,减少热量累积而导致木材加工表面热影响区扩大,以及由于边缘碳化而进行化学处理等后处理工艺程序,提高成型件的尺寸精度、形状精度和表面精度,实现木制品成型件作为终端产品的性能要求。气体辅助激光复合工艺的研究将突破传统木材加工方法,推动木材加工业的蓬勃发展,提高木材综合利用率以及木质资源的高效利用与转化,对变相增加国内木材供给具有重要的意义。其对新产品开发及性能改善,促进生产技术的优化、创新与改革,为不规则几何形状或曲线造型木制品加工提供技术参考,在提升产品可靠性方面具有广阔的发展前景和实用价值。

1.2 传统木材机械加工方法

木材机械加工是将原木或木材板材通过机械设备进行加工,而成为各种不同形状、尺寸和用途的木制品的过程。通常需要经过多种加工工艺,其中包括锯削、刨切、铣削、砂光,以及成型后的表面修饰等。

1.2.1 木材的锯削

木材的锯削是利用具有凿形或刀形锋利刃口的锯齿与木材相对运动,按设计要求将尺寸较大的原木、板材或方材等,沿纵向、横向或按任意曲线进行开板、分解、开榫、锯肩、截断,连续地割断木材纤维,从而完成木材的锯削操作。常用的锯削机床主要有带锯机和圆锯机两类。带锯机是将一条带锯齿的封闭薄钢带绕在两个锯轮上使其高速移动,实现锯割木材的机床。带锯机不仅可以沿直线锯削,还可以完成一定的曲线锯削。圆锯机是利用高速旋转的圆锯片对木材进行锯削的机床,其结构简单,安装简易,操作和维修方便,但锯路宽,出材率低。

1.2.2 木材的刨切

木材经锯削后的表面一般比较粗糙且不平整,因此必须进行刨切加工,利用与木材表面呈一定倾角刨刀的锋利刃口与木材表面的相对运动,使木材表面薄层剥离,木材经刨切加工后,可以获得尺寸和形状准确、表面平整光洁的构件。刨切机按运动形式的不同可分为立式刨切机和卧式刨切机,其通过工作台带动坯料在垂直平面上做上下往复运动来完成主切削运动。立式刨切机进给速度快,取料方便,生产效率高,占地面积小。卧式刨切机是装有刨刀的刀架在水平面上往复运动,而夹紧坯料的工作台是不动的。与立式刨切机比较,卧式刨切机坯料夹紧简单可靠,运动平稳,刨切的薄木厚度均匀,故应用较为广泛。

1.2.3 木材的铣削

木材成型加工中,凹凸平台和弧面、球面等形状的加工是比较普遍的,其制作工艺比较复杂,一般通过铣削机床完成各种不同的加工,如针对直线形型面零件的铣削加工,可采用刨床来铣型加工,也可用下轴式铣床进行铣型、裁口、开槽等加工;桌椅腿、扶手等曲线形型面零件的铣削加工,可在下轴铣床上用成型铣刀来完成加工;对于弯脚、老虎脚等复杂外形零件的加工,可采用成型铣刀在靠模铣床上进行加工,其中铣刀的刀刃曲率半径、铣刀与工件之间的复合相对运动以及样模的制造精度都会影响零件的加工精度。此外,木工铣床还可用作锯削、开榫和仿形铣削等多种作业,它是木材制品成型加工中不可缺少的设备之一。

1.2.4 木材的砂光

砂光机是利用摩擦原理,通过砂纸、砂带或砂轮等涂附磨具对木材表面进行磨削加工。砂光机在木材加工中的用途主要包括两方面,一方面是用于木材表面的精加工,使木材达到要求的平整度和光洁度,以便于木材表面的涂胶、喷漆和装饰等后期加工;另一方面是对木材进行定厚加工,以使木材达到要求的厚度尺寸。

1.2.5 成型后的表面修饰

成型后的表面修饰是对木材及其制品按最终使用要求和视觉要求进行的表面加工的处理过程。现代木材表面修饰方法主要有涂饰、覆贴和机械加工等。

随着科技的发展,现代木材加工技术也在不断地更新和升级,高新技术促进木材加工机械向自动化、智能化方向发展,无论数控加工技术在木工机械上的应用,还是计算机技术的普及化,都预示着高新科技正在向各个技术领域推进。当前,高精度以及高速的多轴联动数控木材加工中心的研究已经成为现在的国际主流趋势,集结构设计、计算机控制、高性能伺服驱动和精密加工技术于一体,可以实现锯切、铣削、钻孔和开槽、铣隼等多种功能集合在一台机床上,广泛用于复杂曲面的高效、精密、自动化加工。加工中心设置刀具库,在加工过程中由程序控制自动选用和更换,通过控制系统完成多轴联动,实现刀具的直线和圆弧插补,从而保证刀具进行复杂加工。

目前,国内乃至世界范围内的森林资源日趋减少,高品质原材料的短缺已成为制约木材工业发展的主要因素,最大限度地提高木材的综合利用率,是木材工业的主要任务。虽然木材机械加工装备的自动化和数字化水平有了很大的提高,但是设备价格高昂、维护保养要求高、能源消耗大、稳定性差等诸多问题亟须解决。

1.3 快速成型技术研究

快速成型(rapid prototyping,RP)技术,又称 3D 打印技术或增材制造技术

(additive manufacturing, AM), 是 20 世纪 80 年代由美国麻省理工学院提出的一种集计算机辅助设计、数控技术、激光技术、机电传动控制和新材料为一体的先进制造技术。它依据储存在计算机中的三维图纸上所记录的数据内容, 在计算机的控制下, 迅速地制造出具有一定功能和结构的原型、零部件以及产品。其制造出来的物体具有一定的功能性, 或作为母模, 或作为样件, 或作为工艺品等。随着智能制造的发展, 近年来 3D 打印技术在国内外得到了广泛的应用, 主要涉及航空航天、汽车制造、医疗、工业产品设计、建筑设计、娱乐产品、生物技术等领域。当前比较成熟的快速成型技术有以下几种。

1.3.1 熔融沉积成型

熔融沉积成型(fused deposition modeling)的工作原理是把丝状固体材料加热成流体状态, 然后从成型喷头挤出, 根据分层截面得到的轮廓信息, 在控制系统指令下沿着零件截面轮廓和内部轨迹运动, 完成当前层后, 把工作平台沿着成型方向往下降低一个设定层厚的距离值, 再在这个新的涂覆层上继续成型作业, 一层一层的叠加直到完成所有层的堆积作业, 然后成型结束。这种成型方法, 在概念和功能性模型的加工上有独特的优势, 但熔融沉积成型工艺的缺点是精度不高, 为了满足使用工况需求, 后期需要对其表面和支撑结构进行修复处理。

1.3.2 立体光固化成型

立体光固化成型(stereo lithography apparatus)的工作原理是使用激光作为输入能源照射光敏树脂发生固化, 逐层得到所需的二维平面。依据当前层截面的二维平面轮廓信息用激光束进行逐点扫描, 完成当前层后沿着成型方向下落到下一层扫描的位置, 然后把光敏树脂液体铺覆在上一层完成模型的层面上, 再次进行扫描固化, 直到得到成型零件。这种成型方法, 能得到成型表面复杂且内部精密的模型, 但是其只适用于光敏树脂材料的成型, 所以限制了该方法的应用。

1.3.3 选择性激光烧结

选择性激光烧结(selective laser sintering)的工作原理与立体光固化成型相似,

只是把激光束换成了红外激光器光束。首先在工作台上铺上一层粉末材料,依据截面二维平面多边轮廓信息使激光束在粉末平面上逐点扫描烧结,完成当前层后沿着成型方向下落到下一层扫描的位置,通过铺粉辊把成型平面上铺平材料粉末,完成所有的烧结作业后除去没有烧结的粉末就是成型制件。选择性激光烧结的材料种类比较多,如高分子粉末、金属粉末、陶瓷粉末等。这种成型方法有较高的成型精度,可成型功能性零件,成型时悬空件由未烧结粉末支撑,不用额外设计支撑结构,但由于成型耗材本身形状的限制,使得成型件表面质量不高,一般需要进行再加工。

1.3.4 分层实体制造

分层实体制造(laminated object manufacturing)的工作原理是激光切割系统按照计算机提取的横截面轮廓数据对当前薄层进行扫描切割,然后将材料一层层地叠加在一起从而形成成型制件,层与层之间使用胶涂装置将热熔胶均匀地涂抹在工件二维轮廓的底部,涂胶完成后的截面轮廓被运送到热压机工位,通过加热辊加热加压,每层截面轮廓紧密黏结,非轮廓部分被回收。每热压一层工件轮廓后,落料机构下降一层片材厚度的高度,对于非轮廓部分切成网格状,通过落料机构对其进行清理,反复迭代上述加工工序,最终完成工件的三维成型。这种成型方法具有成本低、加工效率高的优点,但是可选择的加工材料少,材料利用率低,因此限制了该技术的应用。

快速成型技术作为一种高新制造技术,从诞生至今,不断开发创新出新的工艺、技术以及材料,推动我国传统制造模式的变革,使其向精密化、标准化、低成本化、柔性化发展。机械制造业是国民经济实体的重要组成,是国家竞争力的主要标志。现阶段国与国之间的经济竞争日趋激烈,机械制造行业对机电产品零件的轻量化、整体性、高精度、高性能等特性的要求日益迫切,而传统制造方法受到模具、刀具、夹具、量具、人为引入误差等缺陷限制,已无法满足现阶段对零件的加工要求。因此,为适应我国木质产品从大规模、产量化生产向小规模、定制化生产过度的趋势,改善我国木制品成型质量、提高木制品成型速度、缩短其加工周期、促进我国木材加工产业的升级,满足国家发展需要和行业发展需求,将激光加工技术应用于木质材料的成型加工,在不损害木制品的细胞组织形态,保证木制品纹理美观的前提下,实现对木制产品的成型加工,为木制品加工行业提供了新的生产思路。

1.4 激光加工研究现状

1.4.1 激光加工影响因素研究

激光加工具有质量精度高、运动轨迹自由度大、材料通用性强、生产柔性好等独特优势,在切割成型、表面处理、焊接加工等领域得到广泛应用。木材的激光加工是利用聚焦透镜集中光束,将高能量激光照射在木质材料表面,通过激光束与材料间的热力耦合效应完成能量的转换过程,诱导材料产生热化学变化,通过热量吸收、材料气化以及边缘碳化等完成成型加工。

1. 国外研究现状

工艺参数作为可以直接调控的主要因素,其合理的设计与选择对零件的加工质量和效率具有显著影响,国外研究人员针对工艺参数优化对激光加工的作用规律进行了一些研究和探索。

Tayal 等建立激光切割过程中表面的焦点位置对切割深度或切割速度的影响模型,根据聚焦深度,得到最优焦点位置。结果表明,当焦点位于聚焦深度以下 1/2 位置时,平均激光功率密度最大;通过试验切割 19.5 mm 的椴木板可知,当焦点位置在距离板表面 3.9 mm 时可实现切割速度最大。

Yang 等提出了一种利用纳秒脉冲激光加工微纳米木材纤维的新工艺并设计试验台,以白杨为试验材料,探讨切割参数对切缝尺寸的影响规律。结果表明,木材的热降解可能发生在加工点附近,切削深度随切削速度的增加而减小,随切削功率的增加而增大,碳化程度随着切削速度的减小和切削深度的增加而增大。

Eltawahni 等采用二氧化碳(CO_2)激光器切割 4 mm、6 mm 和 9 mm 的木质复合材料,并研究不同工艺参数组合对切割质量的影响,以上切缝宽度、下切缝宽度、上切缝宽度与下切缝宽度之比、切削截面粗糙度和操作成本作为切削质量评价标准,并通过优化设计提出了有利于提高产品质量和降低切割成本的最优参数组合。而后,通过响应曲面法建立工艺参数与切削边缘质量参数之间的数学模型并进行数值优化,找出最佳工艺数值。结果表明,焦点位置对上切缝宽度有主要影响,下切缝宽度主要受激光功率和切割速度影响,所有因素都是影响切割断面粗糙度的主要因素。

Zhou 等提出了一种根据材料特性和切削速度来估计切削深度的理论模型,将试验结果与理论预测结果进行比较可知,切割深度的增加不随输入能量的增加而线性变化,切割深度越深,消耗的能量就越多。

Stephan 等对于不同树种及木质复合材料进行试验,试验结果表明当切割速度最大时,木材的切缝表面质量显著提高,对木材造成的损伤较小,切割效果明显优于传统的锯条、锯片等切割方式,使生产效率可以得到较大幅度的提高,同时还能在一定程度上降低生产的成本。

Gurau 等研究 CO_2 激光器输出功率和扫描速度的变化对挪威树表面质量的影响,观察扫描速度对木材表面形貌的影响,并确定激光功率对木材表面粗糙度变化的作用规律。结果表明,粗糙度随激光功率的增加而增大,随激光扫描速度的降低而减小,粗糙度与激光功率呈线性关系,与激光扫描速度呈对数关系。

Guo 等通过对激光切割松木的切缝表面形貌和加工缺陷表征,探讨工艺参数对切缝深度和宽度的影响。结果表明,较低的切割速度平行切割且含水率低时可以产生更深的切口,采用较高的切割速度平行切割且含水率高时可以产生较小的缝宽。

Hernández Castañeda 等对干湿松木进行不同纤维方向的激光切割,研究影响切割质量及加工效率的工艺参数。结果表明,激光切割过程主要受木材管胞含水率和切割方向的影响,然后是进给速度、激光功率和通过次数。

2. 国内研究现状

国内在木材激光加工技术的应用研究起步较晚,借鉴已有的研究成果,主要从激光切割表面质量及参数优化等角度进行分析,为加工参数的优选提供理论参考。

吴哲等以硬木和软木两种材性做对比,探究激光烧灼对木材微观表面的影响,通过对横向和径向切面分别进行铣削加工与激光烧蚀加工,对比不同条件下的表面微观形貌。结果表明,受木材微观结构影响,硬木树材经烧灼加工后可以获得更好的表面平整度,由于纹理结构的限制,顺纹加工和坡面加工时可以获得最好的表

9

面光滑度。

赵洪刚等研究工艺参数的交互作用对激光切割木材加工效率的影响,分析镜头高度和激光功率对切缝深度的影响程度。结果表明,镜头高度与激光功率交互作用显著,镜头高度比激光功率对切缝深度的影响作用更大,当激光功率为41.6 W、镜头高度为 6 mm 或激光功率为 65 W、镜头高度为 6.5 mm 时,切缝深度最合理。

李晋哲设计并搭建固体钇铝石榴石(YAG)激光加工试验台,通过对切缝表面微观形貌观测研究激光能量、切割速度、离焦量等工艺参数,以及木材含水率、气干密度、管胞结构等木材特性在激光切割过程中对加工质量的影响关系。结果表明,木材加工表面质量受激光能量、切割速度和气干密度的影响较为显著,切口宽度受木材气干密度影响最大,受含水率影响较小。

马岩等基于能量守恒定律建立激光切割薄木过程数学模型,求解薄木厚度、激光功率、进给速度之间的数值关系,以切缝宽度作为评价指标并通过实验验证理论公式的正确性。结果表明,切削深度与激光功率成正比,与进给速度成反比。

邓敏思等阐述了激光切割木材的基本原理,分析木质复合材料在激光加工过程中各影响因素对切割质量的作用关系。结果表明,进给速度与激光功率符合正比例关系,与工件厚度呈反比例关系,切缝的深度和宽度均随激光功率的增大而变大,热影响区范围也随之变大。当同时增大激光功率和进给速度时,仍然可以获得理想的切割效果,并提升了切割质量的稳定性和加工效率。

姜新波等采用固体脉冲激光器,研究了激光能量、进给速度及切缝深度对厚度为 2 mm 的核桃楸、柞木、水曲柳及黄波罗板材的切缝加工质量的影响。结果表明,当脉冲激光频率为 20 Hz、激光能量为 300 mJ、切缝长度为 12 mm 时,核桃楸切缝表面加工质量最好;在激光能量为 116 mJ 时,柞木切缝表面加工质量最好。

1.4.2 激光加工对木材性能影响研究

激光加工木材具有显著的优越性,通过对加工参数的调控获得优良的加工效果。目前,人们针对激光加工技术对木材性能指标的影响作用也开展了一些深入的研究,讨论了激光参数对加工性能或物理特性的影响。

1. 国外研究现状

Horvath 对比研究 4 mm 和 1.2 mm 的山毛榉单板,以及 2.5 mm、3 mm、4 mm 和 5 mm 的高密度木质复合材料,研究激光切割可以产生的实际最小完整尺寸以提高材料的利用率。结果表明,切透的切割速度随着材料厚度的增加而减小,切透的切割所需时间随着材料厚度的增加而增加。

Barcikowski 等研究激光切割过程中温度分布与材料热物理特性的关系,并对激光切割木质材料表面的热影响区进行表征,由于刨花板比胶合板更有各向同性的特质,通过对比可以看出刨花板的热剖面比 10 mm 厚的 7 层胶合板的热剖面更为均匀。

Fukuta 等研究激光波长与加工性能的关系,选用短波长 266 nm、355 nm、532 nm 和 1 064 nm 的激光对木材进行切割,根据木材光谱反射率的测量可知,加工性能在不同波长之间的变化是由木材对光的吸收率决定的,加工性能越好的波长,光反射越低,因此,采用 355 nm 波长的激光加工获得了最佳的加工性能。

Gaff 等探讨激光切割时不同切割方式、含水率、表面波纹度和粗糙度等监测因素对胶合层状木材拉伸剪切强度的影响。结果表明,监控因素对胶合节点的抗剪强度影响显著,激光切割木材试样的抗拉剪切强度值明显低于锯切木材试样。

Li 等利用高斯激光对杨木进行表面处理,测定木材表面激光能量载荷对木材化学成分特性的影响,建立用于描述颜色变化与激光改性参数之间的数学模型,并揭示木材成分的化学结构是导致木材表面颜色变化的原因之一。

Kortsalioudakis 等利用脉冲激光对杉木和云杉进行打孔试验以提高木材的透气性,考虑孔的最佳几何特性和碳化效应的限制优选适宜的工艺参数。结果表明,激光打孔对杉木和云杉的力学性能(静态弯曲强度、轴压和韧性)没有负面影响,并且当工作波长为 532 nm,能量水平超过最大能量的 70%时会出现碳化现象。

2. 国内研究现状

国内在激光加工木材的工艺研究方面也进行了大量的尝试,主要从激光加工对木材表面烧蚀以及碳化层去除等方面进行了系统的研究。

秦理哲等研究激光烧蚀技术应用于木材胶合样品,对比分析切片制样和激光烧蚀样品的胶合界面加工质量及微观结构。结果表明,由于机械损伤导致切片制备的柳杉/脲醛树脂(UF)样品晚材细胞壁出现破碎现象,靠近 UF 胶层附近的木材管胞扭曲变形较为严重。激光烧蚀制备的样品,表面几乎无毛刺,UF 与细胞壁之间缝隙较多,造成管胞发生扭曲变形。

白岩等针对异型木制品和高档家具砂光打磨难度较大等技术问题,提出使用脉冲激光加工代替传统人工打磨的方法,建立最大烧蚀深度的理论计算公式,并以水曲柳和红松作为试验基材对烧蚀结果进行验证。结果表明,烧蚀速率与材料密度有关,单位时间内材质相对较软的红松比水曲柳获得更大的烧蚀深度。

翟文贺等利用脉冲激光对木制品表面进行抛光,通过高能量的激光束对样品表面进行扫描,达到去除表面毛刺的目的。结果表明,作用于木材表面的激光能量低于燃烧温度时既可以烧蚀表面毛刺又能避免温度过高而发生燃烧碳化,保证木材表面及切缝边缘可以获得较小的表面粗糙度。

任萌萌等采用 CO_2 激光雕刻木质三合板,探寻可以获得加工表面光滑、表面色差较小的最优工艺参数。通过试验验证发现,激光功率的增大对雕刻效果有正向的积极影响,雕刻速率越小时雕刻效果越好。

赵静等对木质材料激光雕刻加工的工艺参数进行研究,通过分组试验分析切割速度、电流、焦距等因素与切槽尺寸以及热影响区和碳化层厚度之间的相互关系。由试验结果可知,当激光焦距为 2 mm、切割速度为 35~40 mm/s、电流为 5~10 A 时处于理想的加工范围,可以获得表面质量较好的加工效果。

招赫应用激光雕刻技术仿作木烙画艺术,通过单因素试验对控制变量进行分组讨论,研究激光加工参数对"线"和"面"加工质量的影响,采用响应曲面法优化雕刻参数,通过木材雕刻效果和表面色差变异,验证激光切割技术仿制传统木烙画的可行性。

王振研究了木材表面激光直接标刻 DM 条码的对比度随激光参数的变化规律。试验主要采用单变量控制法和正交试验法进行分析,得到了 DM 条码对比度的变化曲线和理想的激光参数组合。

杨春梅等通过激光器对微米木纤维的切削,从微观角度得到了细胞壁切削过程中等效切削力和切削功率的公式。随着频率的增加,对试件的灼烧程度依次增强,所产生的裂纹和沟槽更加密集与加深。

虽然传统激光加工木材可以有效克服机械加工存在的弊端,使生产工艺更灵活,但是由于木材的燃点较低,严重的碳化现象导致热影响区增大,降低表面成型精度,影响木材的物理性能及视觉美感,需要通过后处理等工序改善加工质量,这限制了该技术在木材加工领域的应用发展。如何进一步提高激光加工木材的潜力值得进一步深入研究。

1.5 气体辅助激光加工研究现状

1.5.1 气体辅助对激光加工质量影响研究

由于激光加工过程主要通过热传导的方式将能量传输至材料内部,热量的不均匀扩散会导致热影响区扩大和较为严重的表面烧蚀损伤,而加工中产生的重铸层和热损伤直接影响材料表面质量,降低材料的加工精度及可靠性。为减少激光加工缺陷,国内外学者提出将气体辅助与激光加工技术相结合。气体作为唯一与工件接触的物质,利用气体的物理属性以及流动特性保护加工界面并实现材料的高质量加工。目前,关于气体辅助激光加工的研究主要集中在金属材料的应用领域,并已取得较好的研究进展,借鉴其研究成果为后续气体辅助激光加工木材提供参考。

1.国外研究现状

Yilbas 等研究气体射流由同轴喷嘴喷射于固体表面所产生的撞击射流及热传导过程,建立低雷诺数流动方程并分析基材内部温度分布变化。结果表明,撞击气体射流速度对被加工工件侧面温度分布无显著影响,但随着辅助射流速度的改变,工件表面附近的温度变化较大。同时,随着加热的进行,工件的内能增益几乎以恒定速率增加。

Reichenzer 等将流体力学和不同光束传播模式相结合,以确定流体对激光切割过程的影响。由于气体的密度不是均匀的,激光的传播会受到湍流气体中密度特性的影响,因此流场和振荡频率的特性与入口相对位置、角度以及几何边界有关。

Cekic 等建立了氮气辅助激光切割合金钢过程中表面粗糙度和热影响区宽度预测的数学模型,并对切削速度、焦点位置、气体压力和喷嘴距离等参数进行多元回归分析,描述不同工艺参数对表面粗糙度和热影响区的影响。结果表明,当氮气压力为 15 bar[①]、聚焦位置为 1 mm、切割速度为 1 000 mm/min 时,可以获得最小粗糙度为 1.627 μm。

Man 等采用同轴高压惰性气体射流用于提高激光切割不锈钢、钛和铝合金时的边缘质量,基于二维稳态气体动力学理论,对锥形喷嘴和超音速喷嘴的气体喷射模式与射流形态进行分析,预测压力、动量、气体密度的分布和激波的存在性,并阐述气体射流在不同压力环境下的扩张、膨胀和发展过程。结果表明,超音速气体射流在高压激光切割过程中比锥形喷嘴流动特性和工作效率更好。

Tseng 等研究喷嘴流型和压力变化对焦点深度与焦点宽度的影响,制作了直径为 0.8~4 mm 的喷嘴 5 个。结果表明,聚焦深度随出口马赫数的增大而增大,聚焦宽度随喷嘴直径的增大而增大,超音速喷嘴经过焦点深度时呈现出更集中的射流流型,而亚音速喷嘴的流型在聚焦深度后出现明显的变化。

Vicanek 等通过求解气体流动的运动方程,从理论上研究激光切割过程中惰性气体射流与表层物质的相互作用,采用保角映射法计算切割前沿的压力分布,并利用边界层理论计算摩擦阻力。结果表明,压力梯度和摩擦力随着气流速度的增加而增大,从而对加工表面产生重要的影响,同时,与入射激光束功率相比,气体射流对熔体的冷却作用可以忽略不计。

由于气体射流的撞击作用不仅影响激光能量传播过程中热能的分布,同时气体的物理属性以及在加工过程中不同的混合配比对激光加工表面质量也有重要影响。Meško 等使用氧气和氮气及其混合气体对球墨铸铁进行激光切割,研究激光束、输入参数、辅助气体、切割材料的相互作用和切割过程的稳定性,观察切割表面的完整性和热影响区的宽度以及相邻熔渣的形成情况。结果表明,仅使用氧气作为辅助气体时,切割过程中被熔化的材料会重新连接导致切割不完整,当混合气体中氮气的含量在 20% 及以上时,均可形成完整的切割横截面。

Tirumala 等研究了氧气辅助激光切割低碳钢,并估算熔膜厚度与气体压力、切削速度和工件厚度的关系。结果表明,切割厚板过程中当光束焦点在工件内部时,切缝宽度增大有助于流动层的流动并获得更大的深度。当板厚大于 10 mm 时,操作压力应小于 2 bar,保证整个深度范围内处于层流状态并获得更好的切割质量。

Wandera 等采用大功率激光器在惰性气体辅助下对 10 mm 不锈钢板和 4 mm

---

① 1 bar=100 kPa。

铝板进行激光切割,研究激光功率、切割速度、焦点位置和气体压力对切割性能与切割质量的影响。结果表明,随着气体压力的增加,切割边缘附着的残渣被完全清除,表面粗糙度随之下降,但在 16 bar 以上的气体压力下,表面粗糙度没有显著降低,这可能是由于高压的气体射流导致较窄切口内气流变化造成的。

Sundar 等研究气体辅助激光切割低碳钢过程中工艺参数对切割质量的综合影响并建立相应的数学模型。结果表明,气体压力和切割速度对切割质量影响最为显著,随着气体压力增大,热影响区宽度和切缝宽度均增大,表面粗糙度随之减小。

Zhou 等分别采用标准喷嘴和超音速喷嘴通过氩气辅助对不锈钢进行切割试验,研究不同喷嘴的内部形状对无条纹切割的影响。结果表明,超音速喷嘴可以在较高的进给速度下得到稳定的气流,减弱进给速度对切割质量的影响,可以获得较好的加工效果。

Hsu 等研究气体辅助激光对不锈钢(SUS304)进行钻孔加工,通过调整气体射流的频率提高加工质量,验证间歇式气体射流对提高材料去除率、降低气体消耗的影响作用。结果表明,间歇式气体射流可以有效提高加工深度和加工质量,并在加工过程中减少了热损失和孔出口附近的残渣。

Riveiro 等研究激光切割铝铜合金时采用不同气体对切割边缘表面光洁度和化学性质的影响,分别以氩气、氧气、氮气和压缩空气作为辅助气体,通过 X 射线光电子能谱对切割边缘进行表征。氧气、氮气和压缩空气或多或少地与熔融物质发生反应,产生大量的氧化物或氮化物。氧化物和氮化物的形成增加了熔体的黏度和表面张力,降低了气体射流的去除效应,导致切割轮廓不均匀并黏附大量残渣,而氩气辅助切割被认为是获得最佳质量和最有效的辅助气体切割。

2. 国内研究现状

国内针对气体辅助激光加工技术的研究起步较晚,目前主要从气体射流的撞击作用以及气体物理属性对加工质量的影响等方向进行系统探索。

郭邵刚根据高压气体流场结构特征,设计并优化超音速喷嘴结构,探究气体动力学作用过程并对气流喷射过程中形成的波面结构进行分析,通过对不同状态下自由射流过程进行模拟,并分析加工参数对切口中特征波面和气体动力学性能的影响。

王智勇等分析气体辅助过程中不同参数作用下对激光打孔的孔径尺寸及孔壁黏滞物去除能力的影响。结果表明,较高的气体压力有利于获得较小的孔口直径,氩气可以较好地去除不锈钢加工壁面的黏滞物,而对于低碳钢使用氧气可以获得更好的去除效果。

陈宇翔等采用不同气体辅助激光切割硅钢片,以切缝宽度为评价指标,通过改变工艺参数研究气体类型对切割质量的缺陷影响。结果表明,激光功率和光斑半径大小是影响切缝宽度的主要因素,氩气作为惰性气体,产生的切割缺陷最小,氮气切透硅片的能力较强,氧气切割质量最差。

高亮等使用氮气、氧气、氩气和空气作为辅助气体,通过切割厚度为 0.5 mm 的热镀锌板进行试验研究,以切缝宽度和表面挂渣量为评价指标,分析不同气体对切割质量的影响。结果表明,由于氧气具有助燃作用,更适用于切割较厚镀锌板,切割薄镀锌板时优选氮气,氩气切割过程中挂渣最多,切割质量较差。

冯志国研究激光沉积技术制造钛合金过程中不同惰性气体压力保护对其结构组织和力学性能的影响,并对整体保护和局部保护下所获得试样的力学性能以及切口形貌的各向异性进行对比研究。结果表明,惰性气体所形成的保护气帘导致加工区域含氧量的变化,当压力为 0.5 MPa 时所获得的成型质量最好。

王家明等研究不同保护气体含量对激光增材制造成型工艺中铁基合金构件物理性能的影响。结果表明,氩气为保护气体时制备试样获得的抗拉强度和屈服强度明显小于空气环境,这是因为氧气的活性作用导致加工过程中极易发生化学反应,氩气作为惰性气体抑制氧化反应的发生从而导致孔隙率下降,致密度升高。

张津超等研究不同氩气流量作用对 TC4 钛合金涂层氧化层的表面以及微观组织的影响,通过与无氩气保护下的表面粗糙度情况进行对比。结果表明,由于氩气气流的冷却和吹除作用,随着流量的增加氧化层减小,致密性良好,并提高了有效保护长度。

葛亚琼等以氩气、氮气和氧气作为辅助气体,以 5A06 铝合金板材作为试验基材,通过对切缝质量和微观组织分析探究不同气体对切割质量的影响规律。结果表明,气体压力对切缝宽度的影响较小,气体排渣能力随压力的增大而提高,相比于氮气和氧气,使用氩气辅助激光切割所获得的表面粗糙度和重铸层厚度均最小。

张书诚通过研究给出了辅助气体的类型、压力和喷嘴孔径设计等对激光切割加工质量(切缝宽度、表面粗糙度、黏渣量)的影响规律,并提出氧气多用于碳钢切割,不锈钢切割则更适合用氮气切割,且辅助气体压力会对切割质量产生影响。

通过以上研究结果可以看出,气体辅助激光切割金属板材时,高压气体在被切材料切口处形成一个气流束,由于气体的动力学特性导致剪切应力变化和压力梯度分布的差异影响材料的去除能力与激光切割质量。由于木材是一种非匀质的多孔性结构,各向异性的物理属性使其与金属材料相比具有很大的差异性。因此,如何在激光切割木材过程中合理控制气体压力,利用气体的阻燃效应减小热量传导造成的热影响区扩大以及表面碳化的现象,有效提高切口质量有待进一步研究。

1.5.2 气体辅助激光加工有限元仿真研究

气体辅助激光加工过程中光热转化与传递贯穿始终,热传导过程决定了温度场、应力场的变化规律,气体的剪切性能是决定成型质量优劣的重要因素。气体射流的湍流性质,使得气体射流在切割过程中的动力学性能很难通过试验获得。同时,加工区域的热量传导与消融是一个瞬态的演化过程,很难做到实时观测,因此,大部分材料的蚀除机理是通过数值模拟进行分析的,采用流体力学方法进行气体动力学性能的仿真模拟是十分必要的。不少研究学者采用有限元方法针对热源模型、传热模型、温度场和气流场进行了多元化分析,并获得重要的研究成果。

1. 国外研究现状

Kovalev 等研究惰性气体辅助激光切割厚板金属过程中超声速气流在窄通道内部流动的数值模拟,并与自然条件下激光切割金属表面质量进行对比。结果表明,在激光切割前的光滑表面存在气体流动分离现象,表面质量的问题与流动分离和逆流的形成密切相关,这阻碍了熔化产物去除效果,是造成分离流动区域粗糙的原因。

Run 等设计了一种新型超音速喷嘴,采用非结构网格有限体积方法通过有限元仿真模拟圆锥形和新设计的超音速喷嘴在不同工作压力下的气体射流。结果表明,通过对速度和静压力分布的对比,锥形喷嘴可以达到亚声速或声速,更适用于低速和低压情况,超音速喷嘴在工作压力下产生的气体射流性能更好,因此,更适合厚板或高速激光切割。

Darwish 等模拟气体辅助激光切割过程中超音速喷嘴内的气体流动,研究气体压力及射流流型对激光切割质量和切割能力的影响。结果表明,精确设计的工况相比于欠膨胀和过膨胀工况所产生的出口射流边界较为平行、发散度低,射流流型的均匀性较高。

Melhem 等研究了同轴气体射流对激光切割三维槽体周围的流场和温度场数值预测,并建立槽体周围湍流流场的三维模型。研究发现,辅助气体类型对槽面上的努塞特数和表面摩擦有显著影响。氮气辅助时的努塞特数显著减少,而表面摩擦显著增加,这是因为氮气产生更少的热量转移,同时较高的表面摩擦系数有利于增大阻力,有效减少切口处熔渣的附着。在激光切割过程中,使用氮气辅助加工可以获得较好的效果。

Arshed 等模拟激光烧蚀过程中固体表面的蒸气喷射,研究从固体壁面出现的瞬态发展射流、稳态发展射流,以及稳态射流平均速度对瞬态发展射流附近流场的影响。研究发现,稳态射流的平均速度大小对瞬态发展射流附近区域的流场有显著影响,稳态射流平均速度的增大抑制了瞬态发展射流的轴向膨胀,从而增强了射流的径向膨胀。

Toshihide 等研究了辅助气体与熔融金属之间的热力耦合对切缝形成的影响,以切缝宽度、工作距离和气体流量等参数作为评价标准,量化气体流量对切缝宽度的影响,利用粒子图像测速技术对气体流场进行模拟。研究发现,随着切缝宽度的增加,气体流动的压力损失减小,气体射流更容易到达切缝深处。

Grigoryants 等采用数学模型研究了同轴激光熔覆喷嘴内粉末的流动特性,并对气体介质通过喷嘴进入开放介质的流动进行了模拟,通过多种输运气体和同轴气体流量组合,建立了不同气体流量下喷嘴的计算规划矩阵,并对喷嘴内颗粒的运动稳定性进行了计算。

Leidinger 等研究了气体流动特性对熔融物及蒸发物的影响,对比传统锥形喷嘴和超音速喷嘴在切缝中的气流流动,通过数值模拟,定量描述流场的压力梯度和速度分布。结果表明,超音速喷嘴中流场独立于喷嘴的偏心距离保证了切割质量保持不变。

Chen 等研究了超音速喷嘴轴对称湍流射流与工件的相互作用,采用基于网格自适应的显式耦合求解算法进行数值模拟,对加工前沿的压力、质量流量以及剪切力进行定量预测,探究气体压力和喷嘴间距对超音速激波结构的影响。当喷嘴压力增加到一定程度时,斜入射激波和正侧激波的相互作用使加工前沿压力大幅度降低,随着流量的减少,压力梯度和切削力的波动会降低气体射流对材料的去除能力,并导致表面光洁度下降。

2.国内研究现状

国内学者利用计算机数值模拟的方法探究气体辅助激光加工过程的热作用、气流作用等,通过仿真软件从宏观层面解释气体射流对激光加工质量的影响。

孙凤等研究气体射流与激光束不同轴状态下,气流与切缝之间相互作用的流场结构对激光切割效率的影响。结果表明,切缝中气体的压力、速度和剪切力均随离轴量的增大而增大,更有利于切割质量的改善。

张弛等研究激光氧气辅助法对低碳钢厚板切割质量的影响,利用氧气的助燃特性以及吹扫作用提升激光切割能力,通过对不同切割速度下的切割试验以及喷嘴结构的数值模拟,优化喷嘴结构并获得优异的加工质量。结果表明,进口压力、喷嘴结构以及加工距离均影响切割能力和表面质量,熔融物质的排除能力随气体动能的增加而增大。

张一等通过激光加工过程中的多相流作用模型模拟辅助气体参数变化下的速度分布变化对切割质量的影响,分别以氮气和氩气作为辅助气体,分析了不同压强和离轴量对气体流场结构的影响。结果表明,切缝内气流速度随着压强的增大而增大,但超过临界值时会出现激波现象,离轴式切割有利于提高气流速度,但偏移量过大时,由于气体射流偏离切割前沿而导致作用力减小,这会降低切割质量。

吕建军通过对不同喷嘴结构以及不同压力下的流场结构进行模拟分析,研究气体射流的动能特性对切割质量的影响规律,通过对结构参数的优化,设计合理的喷嘴参数。结果表明,静压梯度随斜面和喷嘴轴线夹角的减小而增大,喷嘴与激光束同轴时可以获得最好的切割效率和切割质量,通过与已知试验结果对比可以发现喷嘴射流与实际情况的一致性较为吻合。

刘坤阳通过数值模拟对比分析不同喷嘴结构对辅助气体流场分布的影响,分析切缝中纹影形成的机理,分析板材厚度以及气体压力与速度流场的作用关系。结果表明,收敛喷嘴相比于锥形喷嘴在出口处的速度更大,对于厚板切割,当喷嘴与工件距离为 3 mm 时,切缝内的气流速度最大,当马赫数小于 1 时,气流速度与切缝横截面积成反比。

温鹏等建立激光切割过程中的多相流模型,分别以氮气和氧气作为辅助气体,通过温度场分布和流场结构的数值模拟讨论不同气体对激光切割质量与切割能力的影响。结果表明,由于氧化放热反应增加热能的输入,以及气流的吹扫作用有利于熔融物质的排出,使得加工表面形成贯穿完整的切缝,在热输入与气体动能特性的共同作用下,使得氧气辅助激光切割能力优于氮气辅助激光切割能力。

以上研究成果从不同层面反映了气体动力学性能对激光切割能力的影响,并且以高压流场的研究居多。对于木材激光切割过程中,气体主要用于隔绝氧气,阻断木材与氧气发生燃烧反应,改善碳化表面。如果气体压力过大,在吹除残渣的同时会导致切口变大,甚至出现锯齿状切面,因此,只需较低的气体压力形成一个气流保护罩,以达到断氧阻燃的作用。

1.5.3　气体辅助激光加工木材研究

由于气体射流的物理特性在激光加工过程中对切割质量的改善具有显著的优越性,目前,一些学者针对气体辅助激光加工木材进行了初步探索,通过改变加工参数、气流特性、喷嘴结构等方式提高木制品表面加工质量。

1. 国外研究现状

Sulaiman 等研究气体压力对层压板激光切割质量的影响,通过测量切缝边缘平整度和切缝宽度比来评价切割质量。研究发现,气体压力对成品质量有显著影响,较高的气体压力作用下促进氮气与空气的混合,降低切割段内的氧气浓度,但过高的气体压力将会导致切缝略宽。

Mukherjee 等设计新型超音速喷嘴并研究气流速度对切割速度和切割表面质量的影响。结果表明,在激光切割木材时,高速空气能显著提高切割速度,但不能改善表面质量,在使用超音速喷嘴的测试运行中,激光束经过喷嘴口附近时的衍射对切口两侧木材表面的碳化影响没有显著差异。

Hernández Castañeda 等研究双气体射流辅助激光切割木材的影响过程,探究气流对切割木材切缝深度、质量去除和能量消耗,以及热影响区、切缝宽度和表面边缘粗糙度的切割断面质量的影响。随后针对单/双气体射流对激光切割木材过程的影响进行深入研究,建立流体动力学模型,对比不同气体在不同压力下对切缝质量的影响。研究发现,气体射流在切缝壁上产生的剪应力与切割质量有重要关系,当施加较低的气体射流压力时有利于切割边缘质量的提高。

Nukman 等研究压缩空气和氮气辅助激光切割木材对材料去除率及烧灼碳化程度的影响,讨论最佳切削条件下可达到的最小燃烧效应以及最小表面劣化程度。结果表明,由于放热反应,压缩空气辅助切割会导致严重的烧伤和烧焦,而氮气为切割过程提供了冷却和惰性的环境,因此使用氮气辅助切割可以获得更好的表面光洁度。

Lum 等对中密度纤维板(MDF)的激光加工进行研究,采用压缩空气和氮气作为辅助气体,以试验为基础,改变激光切割速度、气体类型、气体压力和激光聚焦深度等参数,对比连续波和脉冲模式两种情况下的切割效果,并确定最佳参数设置和切割效率。结果表明,压力为 0.5 bar 的氮气作为保护气体时,所有的切割角度都得到了锋利的边缘,且烧蚀损伤程度最小。

2. 国内研究现状

马启升将气体射流与激光束由同轴喷嘴喷出作用于切割木材表面,通过设计的超音速喷嘴验证高速气流对切割速度和切割表面质量的影响,在气流流域建立马赫波方向,通过对椴木试件进行切割实验验证喷嘴出口处的气流特性。结果表明,改进的超音速喷嘴可使切削速度提高 50%,但对切口两边木材表面的碳化并无改善。

曹平祥进行了气体辅助激光加工木材的基础研究,分析了影响激光切割质量的主要因素,并讨论了气体射流在木材激光切割中的作用,探讨活性气体、惰性气体和喷嘴结构选择对表面加工质量与热影响区的影响。

目前为止,虽然国内外一些学者进行了气体辅助激光加工木材的初步研究,但是主要从喷嘴结构以及参数设置等方面进行优化分析,所采用的材料多为厚木。从宏观层面分析气体射流在激光切割薄木过程中的动力学作用及其解析关系的描述较少,没有从根本上解释气体射流对切割质量的影响机理。采用气体辅助激光加工薄木过程中的热力学作用导致的温度场变化以及气体流场的扰动作用对加工表面质量和碳化区域的影响研究尚未见报道。

第2章 激光加工木材的理论研究

激光加工技术是集光电子、材料、机电一体化、检测技术等于一体的先进加工制造技术。随着人类对激光理论研究的深入以及各种激光器件的不断涌现,激光应用的领域也在不断拓宽,并向纵深发展。激光加工技术作为现代高端加工技术,将具有高能量密度的激光粒子聚集在微小空间内形成激光束,对物质进行切割、焊接、打孔、表面微加工等,可以有效提高加工的质量、精度、自动化程度,并且可以减少污染、节约材料损耗、降低劳动力消耗以及降低加工成本,广泛应用于多个领域。

2.1 激光的产生及特性

2.1.1 激光产生的过程

激光是由原子的共振放大与受激辐射发光共同作用形成的一种增强光。一般情况下,当材料处于热力学平衡时,受激吸收和受激辐射这两种状态是同时存在的,但产生的概率却是随机的,其主要取决于高低能级上的粒子数的多少。此时,高低两个能级上的粒子数按照玻尔兹曼统计规律分布:

$$\frac{n_2}{n_1} = e^{\frac{-(E_2 - E_1)}{kT}} \qquad (2-1)$$

式中 E_1——低能级;

       E_2——高能级;

       n_1——低能级粒子数;

       n_2——高能级粒子数;

　　k——玻尔兹曼常数；

　　T——温度。

　　如果设 $E_1<E_2$，则很明显 $n_1>n_2$，也就是说处于热平衡状态下，在任意两个能级上，高能级粒子数始终低于低能级粒子数。若外界向物质提供能量（光辐射或放电），则打破了热平衡状态中的粒子体系，低能级粒子吸收热量跃迁到高能级，从而增加了高能级中的粒子数，使得 $n_2>n_1$，该状态被称为粒子数的反转。

　　只有从外界获得能量的原子才能够从低能级跃迁到高能级。反之，当原子从高能级辐射到低能级时，则会释放能量，如果能量以光的形式释放出来，那么这种跃迁称为"辐射跃迁"。1917 年，著名科学家爱因斯坦从辐射与原子相互作用的量子观点出发，发现在光与材料相互作用时存在自发辐射、受激辐射和受激吸收 3 个跃迁过程，这一理论为激光器和近代的微波量子放大器的发明奠定了坚实的基础，3 种跃迁方式如图 2-1 所示。

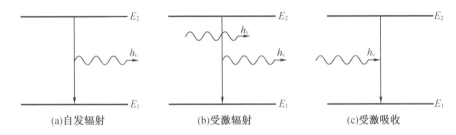

图 2-1　光与材料相互作用时的 3 种跃迁方式

　　理论研究表明，光的辐射方式可分为 3 种，一种是在没有外界提供能量的情况下，处于高能级的原子会自发地向低能级跃迁，同时释放一个能量为 h_ν 的光子，这个过程被称为自发跃迁。因此原子自发地跃迁并发出光波的过程称为自发辐射，如图 2-1（a）所示，它只与材料本身特性有关，与辐射场无关，是随机的一个过程，其产生的光是非相干光，该光的波长、传播方向和偏振态也是随机无规则分布的。另外两种辐射方式都需要在频率为 ν 的辐射场作用下才会发生，原子由高能级 E_2 向低能级 E_1 辐射，并释放一个能量为 h_ν 的光子，这个过程被称为受激辐射，如图 2-1（b）所示；反之，如果处于低能级的原子吸收的能量恰好为高低两能级差 E_2-E_1 的电磁辐射作用时，该原子就会跃迁到高能级上，这个过程被称为受激吸收，如图 2-1（c）所示。

　　当光作用于材料表面时，上述的 3 种原子跃迁状态是同时发生的。根据爱因斯坦理论可知,原子发生受激辐射和受激吸收的概率是随机且相同的,因此如果要得到激光,必须使受激辐射高于另外两种状态。当材料受到能量不断输入后,粒子之间就会出现反转现象,此时受激辐射就会超过受激吸收,当有光子通过物质时,光子就会产生连锁反应,并不断增强,最终产生大量光子态的光子,即激光。

2.1.2　激光的基本特性

激光产生的理论基础——受激辐射跃迁概念最早是从爱因斯坦辐射场和物质的原子共同作用中提出的。外界提供能量激发光子与原子相互作用产生一个受激辐射的相干光子,然后依次类推和同线路下的 2 个原子产生 4 个相干光子,相位相同、传播方向相同,这样激发光子被"放大"了。通过光学谐振器等聚集选择特定激光波长成束,使得能量可以高度集中,从而应用于各种激光器和特种加工领域。激光主要有单色性好、方向性好、高相干性和高亮度等 4 种特性。

1. 单色性好

单色性是指光强按频率(或波长)分布谱线线宽的程度。谱线线宽越窄,也就意味着光源的单色性越好。原子发光时间与频率宽度成反比,理想单色光也就是发光时间与频率宽度趋近于零,但这是不可能存在的,发光时间与频率宽度有一定的大小,即谱线线宽。单色性比值公式为

$$\Delta\nu / \nu_0 = \Delta\lambda / \lambda_0 \tag{2-2}$$

式中　ν_0——激光束的中心频率;

　　　λ_0——激光束的中心波长;

　　　$\Delta\nu$、$\Delta\lambda$——谱线线宽。

从机理上讲,激光单色性好主要得益于谐振腔的选频作用,即谐振腔可以选出特定频率的光波在谐振腔内形成稳定振荡,然后从多纵模中提取单纵模,这一过程进一步加强了谐振腔的选频作用。从传统光学的角度来看,提高普通光源的单色性也曾是光学工作中的追求目标之一。但由于自发辐射的发散性,用滤光片提高单色性的同时,也牺牲了光强度。单色性提高得越高,可利用的光强度就越小。而激光器完全不同,其将单色性与光强度融为一体,就得到了高强度的单色光,简称为高单色性。

2. 方向性好

光波的方向性是指光波的空间指向性。方向性(即光束的发散角)与空间的

相干性密切相关。对于常见的普通光源来说,唯有当光源发散角小于一定角度 $\Delta\theta \leqslant \dfrac{\lambda}{\Delta x}$ 时(λ 为中心波长, Δx 为光源线度),光束才会具备明显相干性,而激光束的方向性可以通过将激光器置于单横模模式下工作以及选择合适的光腔类型等方式来提高。单横模结构具有极好的方向性。

激光束的方向性和空间相干性对激光的聚焦性具有重要影响。光束发散角越小方向性就越好,但是激光最小发射角还需要考虑光的衍射,其最小光束发散角不能小于激光通过输出孔径时的衍射角 θ_m。例如,光腔输出孔径为 $2a$,衍射极限 θ_m 为

$$\theta_m = \frac{\lambda}{2a}(\text{rad}) \tag{2-3}$$

当一束发散角为 θ 的单色光被焦距为 F 的透镜聚焦时,聚焦光斑直径 D 为

$$D = F\theta \tag{2-4}$$

在 θ 等于衍射极限 θ_m 的情况下,有

$$D = F\frac{\lambda}{2a} \tag{2-5}$$

这表示在理想情况下,可以让光束的能量聚焦在直径为光波波长量极的光斑上,极大地增加单位能量密度。

3. 高相干性

光的相干性分为时间相干性和空间相干性。实际上激光载波的高相干性是指能将高单色性和高方向性集中在一起的高度集中性的体现,也就是说,只有激光载波能将单色性、方向性和强度性融为一体。具体地讲,单色性好就是高时间相干性,方向性好就是高空间相干性。方向性与空间的相干性密切相关,其关系式可表示为

$$\tau_c = \frac{1}{\Delta\nu_c} \tag{2-6}$$

式中 τ_c——时间相干性;

$\Delta\nu_c$——光的单色性。

由此可知,单色性越好,相干时间也就越长。对于如何提高激光相干性,目前主要通过选出特定频率的光波在谐振腔内形成稳定振荡(稳频)和从多纵模中提取单纵模(选模),并进一步加强谐振腔的选频作用来实现。

4.高亮度

激光束可以将激光能量集中在极小的焦距中,因而具有非常高的光子简并度,这是激光区别于普通光源的重要特征,这一特点主要体现在高亮度。光源的亮度 B 定义为单位面积向法线方向单位立体角内辐射的光功率 P,即

$$B = \frac{P}{\Omega S} \tag{2-7}$$

式中　Ω——实际占有的立体角;

　　　S——出光处的光源面积。

激光的立体发散角和谱线宽度都要比普通光小。也就是说,在非常短的频率间隔内向单位面积上辐射的功率密度要比普通光高很多,因此在单色亮度上普通光源是无法和激光相比的。在激光极好的单色性和方向性的前提下,其具有极高的光子简并度,从而获得极高的功率密度,使得激光在一定条件下能够加工任何材料。

2.2　激光加工的原理及特点

2.2.1　激光器的基本组成

在激光产生的过程中,首先需要工作物质在外界泵浦源的作用下,实现粒子束反转分布,达到阈值条件后,高能级上的原子产生受激辐射跃迁,发射出的光子经过正反馈的放大处理后输出,即可获得激光。激光器主要由以下几部分组成。

1.激光工作物质

激光工作物质又称为激活介质,是整个激光器的核心部分。激活介质一般由基质和激活粒子组成。激活介质可以是原子、分子或离子。按照状态不同,激活介质可分为固态、液态、气态等几类。激活介质的主要功能是提供激活粒子。激活粒子在外界能量的泵浦作用下跃迁到高能级,从而实现粒子数的反转分布,并产生受激辐射跃迁和光电自激的作用。

2.泵浦源

泵浦源又称为激励源,主要作用是提供泵浦能量,以保证实现激活粒子的粒子

数反转分布。泵浦源可以是光能、电能、化学能、原子能等。一般的固体激光器采用的是光能泵浦,例如,Nd:YAG 激光器采用单色性较好的氪灯泵浦;而气体激光器一般采用电泵浦,通过高压放电的方式,对气体分子(原子)进行激发。

3. 光学谐振腔

光学谐振腔是激光器的关键部件,由两面平行的反射镜组成,其中一面反射镜是全反镜,另一面反射镜为部分反射镜(又称为输出镜)。工作物质在泵浦源作用下,实现粒子数反转分布和受激辐射跃迁后,发射出来的光子在两面反射镜之间被无数次地反射,每反射一次,光都会与工作物质进行一次光电自激,从而使得谐振腔内的光强被迅速放大,在达到稳定状态后,从部分反射镜输出激光束。因此,谐振腔的主要作用是提供正反馈,产生光放大,从而输出激光。两面反射镜可以是平面镜、凹面镜或者凸面镜。由两面平面镜组成的谐振腔称为平行平面腔,两面凹面镜组成的谐振腔称为双凹腔。类似地,谐振腔还可以有平凹腔、凹凸腔、平凸腔等。另外,根据反射镜的形状,谐振腔可以分为圆形镜谐振腔和方形镜谐振腔。

2.2.2 激光器的分类

自世界上第一台激光器于 1960 年问世以来,激光器的研制和发展非常迅速。激光器的工作物质也由第一台激光器使用的固体红宝石,逐渐发展到气体、液体、自由电子等。而运转方式也在当初的脉冲式基础上发展为连续、调 Q 等多种。脉冲激光器的脉宽也由毫秒级逐渐发展到微秒(10^{-6} s)、皮秒(10^{-12} s),直至飞秒(10^{-15} s)级。激光器的分类方法有很多,按照发光波段可分为红外和远红外激光器、可见光激光器、紫外光激光器、X 射线激光器;按照工作方式可分为连续激光器、脉冲激光器、超短脉冲激光器、调 Q 激光器、锁模激光器等。以下主要介绍按工作物质分类的几种常见的典型激光器。

1. 固体激光器

固体激光器的工作物质是固态物质。一般而言,固体激光器的工作物质是含有掺杂离子的绝缘晶体或者玻璃。在激光发展史上,第一台发光的激光器就是固体激光器。目前,尽管固体激光器的工作物质已经有百余种,发射谱线也达到数千条,但是最常采用的工作物质仍然是红宝石(掺杂 Cr^{3+} 的 Al_2O_3 晶体)、掺钕钇铝石榴石晶体(Nd^{3+}:YAG)、钕玻璃 3 类。固体激光器一般采用光泵浦的激励方式。与其他激光器相比,固体激光器的工作物质中参与受激辐射作用的离子密度(一般为

1 025~1 026 个/m^3)较气体工作物质高 3 个数量级以上,而且激光上能级的寿命也较长(10^{-4}~10^{-3} s)。因此,固体激光器的特点是输出能量大(可达数万焦耳)、峰值功率高(连续激光器功率可达数千瓦,脉冲激光器峰值功率可达吉瓦至太瓦数量级)。另外,固体激光器结构紧凑、牢固耐用、工作方式多样(连续激光器、脉冲激光器、调 Q 激光器、锁模激光器),因此,其在工业、国防、科研、医疗等领域得到了广泛的应用。例如,激光熔覆、激光成型、激光切割、激光打孔、激光焊接、激光测距、激光雷达制导、激光存储等。

2. 气体激光器

气体激光器是以气体或蒸气作为工作物质的激光器。与固体激光器相比,气体激光器的工作物质的光学均匀性远优于固体,因此,气体激光器输出的光束质量较好(单色性、相干性、方向性、稳定性等),易于获得高斯光束。为了获得足够的功率输出,需要较大体积的工作物质,因此,气体激光器的体积一般较大。另外,由于气体工作物质吸收谱线宽度较小,因此,气体激光器不宜采用光泵浦方式,通常采用气体放电泵浦,也可采用化学泵浦、热泵浦和核泵浦等方式。

3. 半导体激光器

半导体激光器的工作物质是半导体材料。第一台半导体激光器于 1962 年问世,自 20 世纪 80 年代以来,得到了迅速发展,成为目前光通信系统的最重要的光源。其优点是体积小、效率高、结构简单、价格低廉、可直接调制,但其缺点是寿命较短。半导体激光器主要应用于激光通信、激光制导、激光测距、激光存储及医疗等方面。

4. 染料激光器

染料激光器的工作物质是溶于适当溶剂中的有机染料,一般的有机染料是包含共轭双键的有机化合物。染料激光器的特点是输出激光波长可调谐,某些染料激光波长的可调宽度达上百纳米,激光脉冲宽度窄。目前,染料激光器产生的超短脉冲宽度可压缩至飞秒量级,输出功率大,可与固体激光器比拟,且价格便宜,工作物质均匀性好,光学质量优良。其主要应用于激光光谱学、全息照相、激光生物学、光通信以及光化学等研究领域。

2.2.3 激光加工的基本原理

激光加工是一种热切割工艺,无论是使用 CO_2 激光器还是使用 Nd∶YAG 激光器进行切割,其原理基本相同。利用发射高能量密度($10^5 \sim 10^{13}$ W/cm^2)激光束的激光光源,在聚焦透镜聚焦后,辐照于工件表面,被加工工件吸收激光能量过程中工件表面温度急剧上升,其中一部分材料发生燃烧形成固体熔融物,另一部分材料发生气化蒸发或碳化反应,辅助气体在激光与材料相互作用区域释放。工件材料沿激光束与被加工样品的相对运动方向逐步分离,产生切缝,实现对金属或非金属板材进行非接触、高速度、高精度切割。

激光在切割过程中,切口终端处表面的现象称为烧灼前沿。激光束由此进入切口,一部分激光能量被烧灼吸收,另一部分经空间反射衰减。经过熔化、气化,激光在切割过程中产生的大量的热最终被气流热交换带走或损失在工件上。根据被加工材料的物理形式,可将激光的切割方式分为以下3种。

1. 激光熔化切割

激光熔化切割通常用于钛铝合金、不锈钢等材料的加工。激光熔化切割过程中,金属材料在激光能量作用下迅速被加热到熔点,利用与激光同轴的辅助气体,在金属工件表面蒸发并形成的孔洞周围,将熔融物从材料表面吹离,使金属工件熔化并与工件本体分离。金属材料沿加工轨迹的移动,使由于熔化而产生的孔洞平移并形成切缝。为避免加工区域的氧化现象,在切缝处使用惰性辅助气体将残留熔融物吹离金属材料表面。

2. 激光燃烧切割

激光燃烧切割通常用于合金钢、碳素钢和其他金属材料的加工。激光燃烧加工是使用氧气或其他活性气体代替惰性气体成为激光切割过程中的辅助气体。喷嘴喷射的氧气或者其他活性气体,在切割时基于金属材料在吸收激光束能量产生高温的条件下,在加工区域与材料表面发生氧化反应,大量热量在激光与材料作用处释放,从而使下层金属材料被迅速加热且持续发生氧化反应。加热时,蒸发填充孔在金属材料内产生,该孔洞被包裹于熔融金属壁中。熔融金属壁在蒸气作用下,沿蒸气流动的方向移动,伴随产生更多的热量得以连续传递。该方法将气体氧化产生的热量和激光能量相互叠加,高速气流不断喷射将切缝处的熔融物吹离材料表面,在保证加工质量的同时,大大提高了金属材料切割的效率。

3. 激光气化切割

激光气化切割通常用于硅片、半导体、木材等非金属材料的加工。当激光光束与非金属材料表面相互作用时,一部分能量直接被该材料的表面吸收,另一部分能量则在该材料的表面被反射。非金属材料表面在激光光束下继续加热,工件表面温升迅速,材料表层在发生氧化反应的同时伴有电子结构的改变。此时工件表面对激光光束的反射率降低,吸收率逐渐升高。在激光的持续照射下,材料表面升华,形成孔洞,位于非金属材料表面的蒸气解离并生成等离子体。升华切割中,激光加工材料表面的温度短时间内快速升高,至材料沸点,有效地避免了被加工材料的熔化反应。蒸气从产生的孔洞内逃逸,内部伴有应力波的形成,在气化温度和蒸发压力不断增加的同时,材料在加工区域切缝处出现升华现象,利用辅助气体将切缝底部产生的喷出物吹离加工材料表面。

2.2.4　激光切割特性

从激光切割的整个物理过程上看,激光束聚焦成很小的光点,使得焦点处达到很高的功率密度,这时激光输入的热量远远超过被材料反射、传导或扩散的部分,材料很快加热至融化或者气化程度,必然容易形成较窄的切口宽度和较小的热影响区域,利于形成高精度、低表面粗糙度、高垂直度、无毛刺的切割表面。由于激光切割是非接触式加工无接触应力、无机械变形和刀锯磨损,因此一般不需要其他处理加工即可进行后续加工。激光加工作为一种先进的精密加工技术,具有以下优点。

1. 切割质量好

激光可以进行尺寸精度±0.05 mm 的切割,其表面粗糙度(Ra)要比一般的车削等传统加工方式好很多,由于可达几十微米的精度(通常 Ra 为 12.5~ 25 μm),因此激光切割可以作为最后一步,质量可以得到一定的保证。在激光切割后,加工变形区域非常小,基本不会产生变形,切口性质几乎不受影响,表面较光滑,且切割截面形状呈现更规则的几何形状。

2. 切割效率高

由于激光的传输特性,激光切割机可以连接多个数控设备,可以操作多个设备同时进行切割加工。操作时,只需对应更改数控的参数,就可进行不同形状的切割加工,包括二维和三维切割。

3. 切割速度快

用 1.2 kW 的激光切割机切割厚度为 2 mm 的低碳钢板,切割速度可达 600 cm/min;切割厚度为 5 mm 的聚丙烯树脂板,切割速度可达 1 200 cm/min。激光切割的热影响区小,变形很小。激光切割时不需要夹紧材料,不仅可以节省夹具,还可以节省进料和切割的辅助时间。

4. 非接触式切割,清洁、安全、无污染

在激光切割过程中,切割头与工件不直接进行接触,工件无损耗。在进行空间复杂切割时,可以不用像传统工艺那样更换刀具,只需根据相应的轨迹路径分析,修改激光设备的各个参数即可,而且这也使得工人有了良好的工作环境,更加安全和环保。

5. 切割材料的种类多

激光切割被称为"万能的加工工具",它可以切割非常多的材料,包括金属、非金属、复合材料等。只需根据不同材料的物质本身特性和其相对应的激光吸收率进行调整激光波长即可。但同时,现有的激光切割技术仍然存在一些不足,如对焦烦琐、费时、电光能转化率低、设备昂贵、维护和使用成本较高等,无法切割一些大型板材,且由于激光能量较大,对生产安全要求较高。

2.3　激光与木材相互作用过程

在激光热加工中,将激光束照射在材料表面,加工区域产生的热效应,使材料表面发生物理和化学变化。激光对木质材料及其表面处理的先进加工技术,是从激光对金属材料加工领域兴起并发展而来的,相对于传统的机械加工具有更多的优势。激光与木质材料的相互作用包含复杂的能量转换过程,其烧蚀过程为光热学、力学相互叠加的影响。激光光束从光源发出后,经过外光路系统,在聚焦透镜的聚焦作用下,将具有高能量密度的激光束辐照在木材表面,激光从最初的光能转换为作用在材料表面上的热能,木材吸收能量引发材料分子振荡,在短时间内温度迅速提高,使材料发生气化、燃烧和碳化反应。

激光切割木材的加工质量主要取决于激光能量和辐照时间两个因素。加工区域的木材表面温度随激光能量的增大而迅速升高,高能量产生的高温度使材料直接发生气化反应,形成加工切缝。因激光切割速度在此过程中较高,加工热影响区较小,未被激光辐照到的木材基体区域没有受到发散热量的影响,碳化程度较轻,加工材料表面仅产生轻微发黑现象。因激光能量较小,产生的温升仅能够达到木材燃点,材料在加工过程中燃烧且伴有较多熔渣,材料加工区域碳化现象明显,热影响区较大,辅助气体将熔渣从加工材料表面处吹离,呈现低加工质量。但是实际加工时,由于木材气化现象需要高能量密度激光的照射,木质材料被辐照区域的激光光束能量照射,在激光输出功率和光束模式等因素的影响下,总会有部分低于气化所需,这使得木材与激光的相互作用通常不会只有单一情况产生,多是气化伴有燃烧的发生。

2.3.1 激光加工能量转化过程

激光加工时,加工系统以集中点热源的方式将具有高能量密度的激光光束在加工材料表面位移并有热量累积。木质材料表面吸收激光辐射的能量,能量通过热辐射、热传导和热对流等形式被消耗。加工过程中,相对于热辐射和热对流所产生的能量消耗,热传导是能量消耗最重要的途径。

激光照射过程中,随着木材对激光能量吸收的增强,被激光照射的区域木材的温度也将随之升高。在满足 $E_{吸收} \geq E_{消耗}$ 的能量动平衡条件下,激光照射区域内木材的温度可基本保持不变。激光加工木质材料的热传导过程遵守热力学基本定律,包括热传导、热对流和热辐射等方式。激光切割木材的热传导特性包含以下几点。

(1)温度变化梯度大。

(2)加热速度快。

(3)激光束功率密度在木材表面的光斑处分布不均。

(4)加热过程中,木材对激光的吸收率和热力学参数随温度的升高而变化。

木材的激光加工过程是基于高频电磁波与束缚电子或自由电子之间的相互作用,通过能量转换与传递而发生的复杂物理现象。在宏观尺度下,高能激光束经透镜聚焦后照射到被加工木材表面,待加工木材表面烧蚀区域内部的基本粒子会与激光束中的激光粒子发生激烈的相互碰撞,而基本粒子与激光粒子的相互碰撞会将激光辐射能量瞬间转化为不同形式的能量。其中,一部分能量由于碰撞被反射到待加工木材的周围空气中,一部分能量会穿透待加工木材而射向周围空气中,其他能量会被待加工木材表面烧蚀区域全部吸收。此时待加工木材表面烧蚀区域温度急剧升高,当其达到一定温度时,木材就开始发生分解,从而实现激光对待加工木材的烧蚀作用。激光粒子与待加工木材表面烧蚀区域内部的基本粒子相互作用而发生能量转换的过程,如图 2-2 所示。

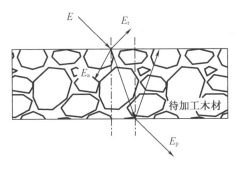

图 2-2 激光粒子与待加工木材表面烧蚀区域内部的基本粒子相互作用而发生能量转换的过程

通过光波的电磁场与材料相互作用,将吸收的激光能量转换成热能,并发生透射、吸收和反射等现象,激光与木材相互作用的物理过程包括激光和材料粒子间的共振作用、激光能量与材料间能量的转换过程,由能量守恒定律可知

$$E = E_r + E_p + E_a \tag{2-8}$$

式中　E——入射到木材表面的能量;

　　　　E_a——被木材吸收的能量;

　　　　E_p——穿透木材的能量;

　　　　E_r——被木材反射的能量。

将式(2-8)等号两侧除以入射到木材表面的能量 E 时,方程可转化为

$$\frac{E_a}{E} + \frac{E_p}{E} + \frac{E_r}{E} = \alpha_a + \beta_p + \gamma_r = 1 \tag{2-9}$$

式中　α_a——木材的吸收系数;

　　　　β_p——木材的透射系数;

　　　　γ_r——木材的反射系数。

木材对激光能量的吸收主要由吸收系数、折射率和消光系数决定,由于木材属于非透明材料,激光束在厚度方向上未能穿透木材,能量交换主要是表层的吸收和反射。入射激光在木材中传播时光波服从麦克斯韦方程,由此可以得到

$$\nabla^2 E - \sigma \mu_0 \frac{\partial E}{\partial t} - \mu_0 \varepsilon_r \varepsilon_0 \frac{\partial^2 E}{\partial t^2} = 0 \tag{2-10}$$

式中　E——激光的电场能量,A/m;

　　　　μ_0——真空中的磁导率,H/m;

　　　　σ——介质的电导率,S/m;

　　t——时间, s;

　　ε_r——介质的相对介电常数, $C^2/(N \cdot m^2)$;

　　ε_0——自由空间的介电常数, $C^2/(N \cdot m^2)$。

假定激光束沿 z 方向进行传播,取激光能量 E 的 y 方向分量,则 y 方向的电场能量为

$$E_y = E_0 e^{i\omega\left(t - \frac{z}{\nu}\right)} \tag{2-11}$$

式中　E_0——振幅, m;

　　　　t——时间, s;

　　　　ω——角频率, rad/s;

　　　　ν——光波沿 z 方向的传播速度, m/s。

将式(2-10)代入式(2-11)可得

$$\frac{1}{\nu^2} = \mu_0 \varepsilon_r \varepsilon_0 - \frac{i\sigma\mu_0}{\omega} \tag{2-12}$$

光波在介质中的传播速度可以表示为 $\nu = \dfrac{c}{N}$,其中 c 是真空中的光速, N 是介质的折射率,所以式(2-12)可表示为

$$N^2 = \varepsilon_0 \mu_0 c^2 \left(\varepsilon_r - \frac{i\sigma}{\varepsilon_0 \omega}\right) \tag{2-13}$$

当 $\sigma \neq 0$ 时, N 为复数,取 $N = n - iK$,代入式(2-2)得

$$E_y = E_0 e^{i\omega\left(t - \frac{nz}{c}\right)} e^{-\frac{\omega K z}{c}} \tag{2-14}$$

式中　n——折射率;

　　　　K——消光系数, m^{-1}。

由此可知,当光波以 $\dfrac{c}{N}$ 的速度沿 z 方向传播时,振幅以 $e^{-\frac{\omega K z}{c}}$ 的形式下降,因此,激光垂直照射到木材表面被吸收后,距离材料表面 z 处的激光强度可表示为

$$\xi = \xi_0 e^{-\varepsilon z} \tag{2-15}$$

$$\varepsilon = \frac{2\omega}{c} = \frac{4\pi K}{\lambda} \tag{2-16}$$

式中　ξ——任意一点激光强度, W/mm^2;

　　　　ξ_0——入射到木材表面的激光强度, W/mm^2;

　　　　ε——木材表面对激光的吸收系数, $L/(g \cdot cm)$;

λ——激光波长，μm。

通过以上分析可以看出，激光照射木材过程中，大部分激光能量集中在上切缝，当激光束通过木材时光强发生了衰减，即光能被木材吸收，导致切缝底部可获得的激光能量减少，因此会形成上宽下窄的锥形切口。激光波长和光束入射角度等激光特性以及材料属性与表面粗糙度等材料特性共同决定被加工材料对激光的吸收率。木材作为一种非金属材料，含有较少易于传递能量的自由电子，主要通过束缚电子、极化子、晶格振动等振子对激光能量进行吸收。当激光波长较长时，通过材料的晶格振动可以直接吸收激光能量从而使热振荡加剧；在激光波长较短时，通过光子激励原子壳层上的电子，在碰撞过程中将激光能量传播到晶格上并转化为热能被吸收。当激光入射角度一定时，木材作为一种非金属不透明材料对激光能量的吸收率随折射率的增加而减小，因此，当激光束垂直照射于木材表面时，有利于获得较高的激光能量吸收率。

2.3.2　激光加工木材烧蚀过程

激光加工的物理基础是激光能量转化与物质吸收的作用过程，激光照射到木材表面是热作用、光作用以及力作用共同影响的过程。激光光子被木材表面吸收的过程，是激光能量向木材表层转化而产生的热效应，即激光的热作用。当激光辐照到木材表面时，瞬态产生的热量较大，由于木材导热系数一般不高，导致热量不能及时扩散传导，木材表面温度急剧升高促使材料熔化、气化、碳化以及木材内部水分汽化蒸发，形成蒸气并产生压力波，即激光的力作用。激光光子能量超越材料化学键的分离能，造成材料中化学键被打断，使得原子及原子团簇与材料本体分离，通过光化学反应实现材料的去除，即激光的光作用。木材是一种各向异性并且具有很多孔隙的多孔性材料，利用激光对木材进行加工时，木材表面对激光的吸收是不均匀的，由此导致激光在切缝内具有多重反复吸收的行为。图2-3为激光束在切缝内的多重反射过程。

由图2-3可以看出，在激光束照射木材表面的初始阶段，主要通过热传导方式对木材进行加热，此时对热量的吸收主要以菲涅尔吸收为主，大部分激光能量被木材表面反射掉，激光能量的利用率很低。随着作用时间的不断增加，在木材表面逐渐形成小的切口，由于激光强度分布引起径向气化通量的变化，在切缝表面形成一定的压力 F，激光能量经过切缝壁面的多次反射后到达底部。在反射过程中，切缝内电离所产生的等离子体和切缝壁都会吸收一部分激光能量,随着激光束与木材工件的相对运动最终形成具有一定深度的切缝。

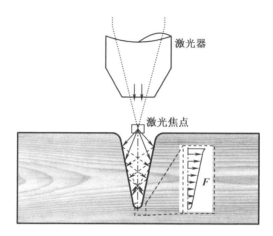

图 2-3   激光束在切缝内的多重反射过程

在激光加工木材过程中,随着照射时间的变化,木材表面区域发生各种不同的变化,基本上可以用 4 个阶段进行阐述,即木材吸收能量和转换阶段、木材加热分解阶段、木材气化阶段和蚀除物的抛出阶段,如图 2-4 所示。当激光照射到木材表面后,初始激光能量作用区域的木材在气化和蒸发开始时发生在大的立体角范围内,一部分能量被反射,另一部分能量被木材表层吸收并通过内部晶格产生振动的方式转换为热能,再通过热传导机制向木材内部及四周传递。随着激光能量的持续增强,木材内部的水分开始蒸发,由于激光束与材料间的热力耦合作用,使得木材发生热分解反应。当温度升高至相变温度时,木材将直接气化为蒸气逸出,从而达到去除材料的目的。激光集中作用区域的气化和蒸发逐渐向基材深处扩展延伸,未达到气化温度的区域与空气中的氧气发生燃烧反应,并在切口断面形成碳化影响层。由此可见,激光与木材相互作用的实质是激光束照射木材过程中能量吸收与转化而产生的一系列物理、化学反应。

由以上分析可知,木质材料激光加工过程中存在着瞬时蒸发和燃烧两种不同的机制。功率密度和照射时间是木质材料激光烧蚀的决定因素,在照射瞬间,将照射点的材料气化而形成高质量烧蚀区是比较理想的烧蚀机制,这就使得选择合理的烧蚀功率尤为重要。在合理的条件下,木材烧蚀速率快,热量传输不到未烧蚀的基材,烧蚀表面无碳化仅有轻微发暗和釉化为最优。如果在烧蚀瞬间,若激光功率密度不足,只能达到木材燃点,木材在燃烧时形成熔渣并在辅助气体作用下吹离烧蚀区域,这是一种不理想的烧蚀加工过程。实际木质材料烧蚀加工过程,由于在材料的照射部位总有部分区域的光束功率密度低于蒸发的需要,所以在大部分烧蚀过程中存在蒸发机制,同时也都伴有燃烧过程的发生。

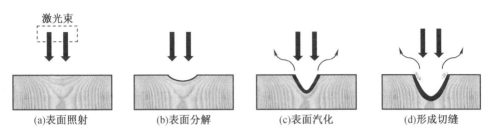

图 2-4 激光作用下木材表面的变化

2.4 激光加工木材实验分析

2.4.1 激光工艺参数影响分析

激光切割的工艺参数对成型质量的影响十分显著,合理的工艺参数可以获得较好的加工质量,并且节约成型所需的时间。如果切割过程中激光输出功率与进给速度不匹配,将导致作用在薄层基材上的激光能量不均匀,进而使得切割轮廓曲线粗细不均,有些轮廓线没有被切割断,而另一些却会出现"过烧"现象。前者使废料与成型工件之间不易分离,后者在轮廓"过烧"处使得切口宽度增大,导致所切割的轮廓尺寸小于理论轮廓尺寸,出现较大的尺寸偏差,严重影响成型工件的尺寸精度以及表面精度。除此之外,若激光输出功率过大并且进给速度过慢,则会使得轮廓边缘碳化严重,并且降低成型效率,造成激光能量的浪费。在激光加工木材过程中,由于木材的特有性质,影响切口质量的因素有很多,如木材的种类、木材的厚度、激光的切割功率、激光的进给速度以及激光光斑的直径等。在激光加工木材过程中,满足能量守恒定律,即木材吸收的能量等于激光器输出的能量,能量平衡

方程可以表示为

$$E_b = E_g + E_{loss} \tag{2-17}$$

式中　E_b——输出的激光能量;

　　　E_g——气化木材切口所需的能量;

　　　E_{loss}——能量损耗(忽略能量损耗)。

选择激光输出的模式为基模(TEM00),则激光功率密度可表示为

$$I = \frac{AP}{\pi R_K^2} \exp\left(- \frac{x^2 + y^2}{R_K^2} \right) \tag{2-18}$$

式中　A——木材对激光的吸收率;

　　　P——激光切割功率;

　　　R_K——光强落到中心值的$\frac{1}{e^2}$点处所定义的聚焦光斑半径。

取辐照在木材表面上位于聚焦光斑内的面积 $ds(ds = dxdy)$,此时激光束单位时间经过面积 ds 入射到其上的总能量可以表示为

$$E_b = \int_{-\infty}^{+\infty} \frac{AP}{\pi R_K^2} \exp\left(- \frac{x^2 + y^2}{R_K^2} \right) \frac{dx}{\nu} ds \tag{2-19}$$

由于切割深度是沿着切割方向的中心处,所以不考虑 y 坐标方向的位移,即取 $y = 0$,那么式(2-19)变成

$$E_b = \int_{-\infty}^{+\infty} \frac{AP}{\pi R_K^2 \nu} \exp\left(- \frac{x^2}{R_K^2} \right) dx ds \tag{2-20}$$

气化或分解木材切口部分所需要的能量为

$$E_g = \rho \left[C_p (T_v - T_a) + L_v \right] H ds \tag{2-21}$$

式中　ρ——材料密度;

　　　H——所切割的木材厚度;

　　　C_p——比热容;

　　　T_v——气化温度;

　　　T_a——环境温度;

　　　L_v——木材气化潜热。

将式(2-20)和式(2-21)代入式(2-17)得

$$\int_{-\infty}^{+\infty} \frac{AP}{\pi R_K^2 \nu} \exp\left(- \frac{x^2}{R_K^2} \right) dx = \rho \left[C_p (T_v - T_a) + L_v \right] H \tag{2-22}$$

求解切割深度 H 与切割功率 P 及其进给速度 ν 之间的关系表达：

$$H = \frac{\dfrac{AP}{\pi R_K \nu} \displaystyle\int_{-\infty}^{+\infty} \exp\left[-\left(\frac{x}{R_K}\right)^2\right] \mathrm{d}\left(\frac{x}{R_K}\right)}{\rho\left[C_p(T_v - T_a) + L_v\right]}$$

则有

$$H = \frac{2AP}{\pi R_K \nu \rho \left[C_p(T_v - T_a) + L_v\right]} \sqrt{\int_0^{+\infty} \exp(-x^2)\mathrm{d}x \int_0^{+\infty} \exp(-y^2)\mathrm{d}y}$$

化为极坐标形式，令 $x = r\cos\theta, y = r\sin\theta$，有

$$H = \frac{2AP}{\pi R_K \nu \rho \left[C_p(T_v - T_a) + L_v\right]} \sqrt{\int_0^{\frac{\pi}{2}} \mathrm{d}\theta \int_0^{+\infty} \exp(-r^2) r\mathrm{d}r}$$

进一步得

$$H = \frac{2AP}{\pi R_K \nu \rho \left[C_p(T_v - T_a) + L_v\right]} \sqrt{\theta\Big|_0^{\frac{\pi}{2}} \cdot \frac{-\mathrm{e}^{-r^2}}{2}\Big|_0^{+\infty}}$$

从而有

$$H = \frac{AP}{\sqrt{\pi}\rho\left[C_p(T_v - T_a) + L_v\right] R_K \nu} \tag{2-23}$$

令 $Q = \rho\left[C_p(T_v - T_a) + L_v\right]$，且 Q 只与材料属性有关。最终化简可得

$$H = \frac{AP}{\sqrt{\pi}\,Q R_K} \cdot \frac{1}{\nu} \tag{2-24}$$

由式（2-24）可以看出，影响激光切削深度的主要因素有木材的种类、激光的光斑直径、材料对激光的吸收率、激光的切割功率以及激光器的进给速度。

2.4.2　实验验证

为了验证上述公式的正确性，选取黑胡桃单板作为激光切割的实验材料，黑胡桃单板材质坚硬、花纹美观，硬度、强度、韧性适中，易于加工并得到光洁的表面，磨光性能良好，材质呈深褐色。黑胡桃木气干密度 $\rho = 640 \text{ kg/m}^3$，取黑胡桃比热容 $C_p = 1.72 \times 10^3 \text{ J/(kg} \cdot \text{℃)}$，气化温度 $T_v = 500 \text{ ℃}$，环境温度 $T_a = 25 \text{ ℃}$，气化潜热 $L_v = 3 \times 10^3 \text{ J/kg}$，聚焦光斑半径 $R_K = 0.5 \text{ mm}$，取木材对激光的吸收率 $A = 0.5$，通过计算求得 $Q = 7.149 \times 10^8 \text{ J}$，代入式（2-24）可求得激光切割深度 H 与激光功率 P 的表达式为

$$H = \frac{P}{12.72 \times \nu} \times 10^{-5} \qquad (2\text{--}25)$$

实验选取厚度为 0.1 mm、0.2 mm、0.3 mm 的黑胡桃薄木为加工对象,使用 CO_2 激光切割机,在激光进给速度为 200 mm/s 的情况下进行激光切割实验。通过式(2-25)可以计算出当薄木厚度为 0.1 mm、0.2 mm、0.3 mm 时,理论所需激光功率分别为 25.44 W、50.88 W、76.32 W。实验中设置的加工参数见表 2-1,不同厚度、不同功率下激光切口图(切割速度为 200 mm/s)如图 2-5 所示。

表 2-1 实验中设置的加工参数

序号	木材厚度 H/mm	激光功率 P/W	进给速度 ν/(mm·s^{-1})
1	0.1	15,25,35	
2	0.2	40,50,60	200
3	0.3	65,75,85	

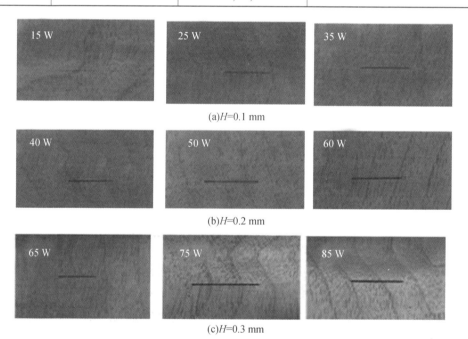

图 2-5 不同厚度、不同功率下激光切口图(切割速度为 200 mm/s)

由于激光切割后的切口边缘呈现轻微的锯齿状,所以在测量时需多次测量后取平均值。厚度为 0.1 mm 的黑胡桃薄木在不同功率下对应的切口宽度值见表 2-2。

表 2-2　厚度为 0.1 mm 的黑胡桃薄木在不同功率下对应的切口宽度

功率/W	切口宽度/mm							平均值/mm
15	–	–	–	–	–	–	–	–
25	0.621	0.605	0.655	0.646	0.557	0.620	0.580	0.612
35	1.030	0.993	1.122	1.154	1.067	1.067	1.025	1.065

注:- 表示未能形成连续的切缝。

采用光学显微镜对不同功率下切割厚度为 0.1 mm 的黑胡桃薄木所获得的切缝断面质量进行观测与分析,通过对比切缝在不同功率下的微观形貌变化,考察最佳加工参数。切口断面显微镜放大图如图 2-6 所示。

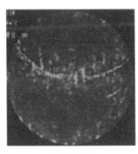 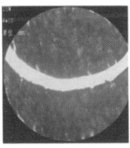 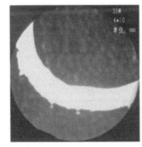

(a)P=15 W　　　　　　　(b)P=25 W　　　　　　　(c)P=35 W

图 2-6　切口断面显微镜放大图

从图 2-6(a)中可以看出,在激光功率为 15 W 时,未能将厚度为 0.1 mm 的黑胡桃薄木单板完全切透,由于进给速度过快,激光器只能在单板的表面打出一连串的孔洞而未能形成完整的切口;从图 2-6(b)中可以看出,在激光功率为 25 W 时,切缝宽度较小,切口断面较为平整,切缝表面平整并留有少量烙渣,且切缝边缘仅有轻微发暗,并未发生碳化现象,切割质量较好;从图 2-6(c)中可以看出,在激光功率为 35 W 时,切缝宽度约为图 2-6(b)中切缝宽度的两倍,切口边缘碳化现象较为严重,且切口断面边缘呈锯齿状,切割质量不佳。由此可见,在切割速度一定时,切口宽度与激光功率近似呈正比关系,激光功率越大,所得到的切缝宽度越大,但激光功率过小时,容易出现未能将单板完全切透的现象,不能满足选择性激光切割工艺的要求。从表2-2中可以看出,激光进给速度为200 mm/s、切割厚度为0.1 mm的黑胡桃薄木、激光功率为25 W时所获得的切割质量最佳,满足式(2-25)所求的功率。同理,验证切割厚度为0.2 mm、0.3 mm的黑胡桃薄木时,所需功率也满足式(2-25)。

综上所述,可以得出结论,关于木材厚度与激光功率及其进给速度的合理匹配的理论公式正确,同时当激光功率与进给速度之间满足合理的匹配关系时,可以得到较小的切缝宽度,并且保证切缝的平整度,减小了热影响区,减少了碳化现象。

2.5 激光加工木材的优势

自工业革命所引领的科技时代在人类的生产生活中拉开序幕以来,世界上涌现了无数的科学家、发明家,他们创造了数不胜数的精妙科技发明。而所有的科技发明创造的应用都离不开基础材料工业加工方式的变革。早期的传统机械加工中,对于板材材料的切割,因其基础性和加工特性,在机械加工的发展历程中具有极其重要的地位,后续工艺工序、加工进程、零件质量甚至组装后整体工具、最终成品的质量会因前置切割加工工序时的工件质量而产生直接的变化。因此,随着行业不断提高对切割工艺加工质量的要求,工业制造方式也经历了一系列的发展与变革,等离子切割、可燃气体切割和传统机械机床中的锯切刀切、线切割、冲压等皆为常见的加工方式。作为传统制造中的机械切割方法,机床加工和冲压由于刀具磨损情况、零件轮廓复杂、材料尺寸差异、夹具设计等因素的制约,使得其加工范围较小,而且切割质量以及切割效率无法满足现代化工业时代的精细化、微观化、高效化切割要求。线切割对切割宽度和切割材料具有一定的限制条件,而且加工时间较长,也涉及刀具磨损和刀具更换周期的问题。可燃气体切割、等离子切割等加工方式对非金属材料的加工具有一定的难度,其切割过程中的热影响区较大,大多需要进行后期的二次甚至多次工序的处理。表2-3为激光切割与其他常见切割方法的比较。

表2-3 激光切割与其他常见切割方法的比较

项目	切割方法			
	激光切割	氧-可燃气体切割	等离子切割	高压水切割
热影响区	小	较大	大	极小
切割速度	快	慢	极快	极慢
切缝宽度	窄	宽	较宽	较宽
可加工材料	广	少	较少	广
切割锐角质量	极好	差	差	极好
切缝表面粗糙度	极好	差	较差	好
使用成本	高	低	较低	高

激光加工是一种新发展起来的加工技术,应用领域广泛。与上述加工方法相比,激光切割具有以下优势。

(1)加工质量高。激光加工精度较高,切缝切口狭窄光滑,切割的一次性成型效果较好,不会出现机械加工中的毛刺或其他残留物,通常不需要进一步抛光。

(2)加工效率高。激光加工无须考虑传统机械加工下料的预留余量,工件可比较紧密地排列,能够节省20%~30%的材料,很好地提升了加工效率。

(3)加工损伤小。激光光束从聚焦镜下激光加工头发出,不与工件进行直接的接触,非接触式加工无刀具磨损情况,材料上不存在机械冲击力,因此材料表面损伤较小。

(4)加工柔性高。激光加工可配合搭载多种数控机床,在计算机控制下,激光功率、加工速度、能量密度、加工路径等可更为直观、便捷地调控,还可配合CAD等画图软件,对工件进行复杂形状的切割,免除传统数控机床中大量加工编程编码的编写与输入等烦琐步骤。

(5)加工范围广。激光加工可以切割包括多种钢材、合金、木材、硅制品等在内的各种材料。在近年的研究应用中,超快脉冲激光在柔性材料有机发光二极管(OLED)及印制电路板(PCB)等切割中发挥了至关重要的作用。

(6)加工附属条件少。激光加工系统主要由激光器光源、光路元器件、搭载面板、位移平台和计算机控制系统组成。其中位移平台中具有较多的机械零部件,相比于传统机械加工机床,对于机械零部件的更替及维护更少,也无须对齿轮组、传动轴等大型零件进行润滑设计,激光切割过程中产生的噪声小,无高速转动部件,加工环境相对洁净,对操作人员的身体生理危害更小。

2.6　本章小结

　　本章结合激光加工具体实际情况,分析了激光器的特点和光束特性,通过激光加工过程中能量转化与烧蚀过程的理论分析,得到激光加工木材的机理,并得到以下结论。

　　(1)从激光的产生入手,介绍了激光切割的基本原理、激光切割过程,并通过与常见切割方法的比较,说明了激光加工的优势与特点,为进一步研究气体辅助激光加工木材机理与实验分析奠定了理论基础。

　　(2)分析了激光与木材的相互作用机理以及激光切割过程中材料对激光的吸收、能量传递和转化过程,着重介绍了激光切割引起的材料熔化和气化过程,为气体辅助激光加工木材热流模型的建立奠定了理论基础。

第3章 气体辅助激光加工薄木的机理研究

激光加工是一种非接触式加工方法,具有传统机械加工不可比拟的优势。气体辅助激光加工在金属切削、陶瓷无裂缝加工等领域得到了广泛的应用,但是将气体辅助激光加工工艺应用于木质材料的加工,作用过程中气体射流与激光以及气体射流与木材之间的相互作用机理尚不清晰。本章对气体辅助激光加工木材的物理过程进行了研究,分析了不同气体辅助激光加工木材对表面质量的影响,以薄木为试验材料,研究了激光-气体-木材的相互作用机理,探究了气体射流产生断氧阻燃效应的根本原因,并根据气体辅助激光加工薄木的作用结果优选合适的辅助气体,用于后续的仿真研究。

3.1 气体射流与木材相互作用过程

3.1.1 辅助气体的动力学作用

激光切割过程的实现是高能激光束与辅助气体相互作用的结果,一方面高能光束使加工材料熔化甚至气化,另一方面辅助气体把熔融金属和部分热量从切口中排出去。合理的辅助气体类型与流场不仅能提高加工能力,而且将热影响区限制在一个很小的范围内,保证了良好的加工质量。因此,良好的激光切割过程不仅要求能够承载较高的气体压力,而且要求气体压力能尽可能多地转化为气体的动能,同时要求射流场具有良好的动力学特性。

在激光切割过程中,应用于辅助加工的气体主要有氧气、空气、氩气和氮气,将加工材料的性质差异和加工材料的厚度影响作为辅助气体类型的选择标准。根据激光切割时辅助气体是否参与熔化反应,可以把辅助气体分成两类,一类是参与激光切割,利用氧气发生氧化燃烧反应并提供大量热量来提高切割效率,完成厚板切割;另一类是不参与切割,利用氮气或空气的气体流动性起到吹扫及冷却作用,或将惰性气体覆盖于被加工材料表面形成气体保护介质膜,保护被加工材料免受空气中氧气和氮气等的侵蚀。激光切割中不同辅助气体的适用材料见表3-1。

表 3-1　激光切割中不同辅助气体的适用材料

辅助气体	适用材料	备注
空气	铝	切割厚度为 1.5 mm 以下时,能获得良好的切割效果
	塑料、木材、合成材料、玻璃、石英	—
	氧化铝陶瓷	所有的气体均适用,空气成本最低
氧气	碳素钢	切割速度高、质量好,切割面上有氧化物
	不锈钢	切割速度高、切割面上有较厚的氧化层。切割边用于焊接时需要进行加工
	铜	切割厚度为 3 mm 以下时,能获得良好的切割面
氮气	不锈钢	切割速度低,但切割边的抗腐蚀能力不降低
	铝	用于切割厚度为 3 mm 以下的材料,切口整洁,切割面无氧化物
氩气	镍合金	—
	钛	也可以用于其他材料切割

从激光切割的定义可以知道,激光切割的实现实际是辅助气体动力学作用与激光热作用共同作用的结果,辅助气体在切割过程中的动力学作用主要有以下几点。

(1)排除切口中的熔融物质,使切割过程得以顺利地持续进行,同时加速切口侧面的冷却,减小热影响区,利于形成光洁切割表面。

(2)在切割铁系金属时,采用氧气作为辅助气体,由于切口中发生铁-氧燃烧反应,提供了大量的热,可以实现厚板切割,但是金属氧化物的黏性较大,所以氧气辅助切割主要用于碳钢。

(3)保护切割区金属免受空气中氧气和氮气等侵蚀。某些活性金属,在高温下与空气接触会使熔渣黏度提高,或者使切割边的材质恶化,降低零件的性能。此种场合常采用惰性气体作为辅助气体以保护切割区的金属。

(4)提高工件对激光的吸收率。通常,在 CO_2 气体激光和 YAG 固体激光的波长范围内,某些金属对激光的反射率较高,当存在辅助气体时,这些气体受高能量激光照射后会迅速离解成等离子气体,这种等离子气体紧贴工件表面,且是薄薄的一层。等离子气体具有良好的吸收激光的能力,并将所吸收的光能传递到工件上,使切口区迅速加热到足够高的温度。

由于木材的主要成分中含有大量的碳元素,使用氧气辅助加工会加剧燃烧反应而影响切割质量。使用惰性气体辅助激光加工木材,将气体压力尽可能多地转换为气体的动能,利用气体射流的剪切力作用排除切口中的熔融物质,同时作为唯一与工件接触的物质,降低了切口周围的氧气浓度,减少燃烧放热反应对热影响区的作用,可以获得表面光洁并且无碳化物附着的切面质量。

3.1.2 辅助气体流场结构

在激光切割中,受环境变量的影响导致辅助气体的动力学作用十分复杂,由于激光加工切口的尺寸相对于气体射流的流域截面较小,因此,可以忽略激光加工过程中光束能量对气体射流场热作用的影响。根据已有研究可知,在激光切割时,气体射流的特征和形式主要与喷嘴出口压力 P_a 和环境压力 P_0 有关,当 $P_a/P_0 > [2/(\gamma+1)]^{-\gamma/(\gamma-1)}$ 时(其中 γ 为等熵系数),气体射流将会出现超声速现象,从喷嘴中喷射的气体将变成可压缩流动的,其动力学性能将会发生显著变化。当 $P_a > P_0$ 时,如图 3-1(b)所示,气体需要从出口压力调整至背压力,形成欠膨胀波的气体通过径向膨胀,使得流线在喷嘴边缘处向外旋转一个角度形成扇形,当压力减至背压力时,由于扩张区域的压力低于边界压力,膨胀波被自由射流的边界反射,最终形成两簇通过射流边界向中心流动的压缩波。当 $P_a < P_0$ 时,如图 3-1(c)所示,形成过膨胀波的气体射流向内旋转形成激波,激波前后压力梯度会发生逆转,并在切割前端面引起边界层分离,影响气体射流向切口内部渗透,弱化气体在切口中的剪切作用力,巨大的动量损失致使气体射流去除材料的能力下降。当 $P_a \geqslant P_0$ 时,如图 3-1(d)所示,流场内不仅会存在强烈的斜波,还会在喷射出口处形成正激波。正

激波的特征也是流体性质不连续的变化,如速度、压力、温度、密度等,这将使得超音速喷射转变成亚音速流动,造成较大的能量损失。当入射气体压力大于两倍环境压力时,射流气体属于欠膨胀波。对于欠膨胀波,正激波会在强斜激波之间产生。对于过膨胀波,喷嘴出口处甚至在喷嘴内部,都可能在强烈的斜激波之间产生正激波。

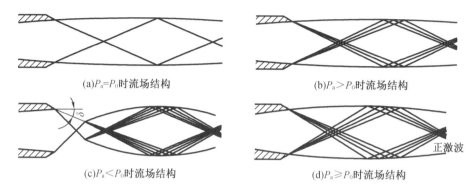

(a)$P_a=P_0$时流场结构   (b)$P_a>P_0$时流场结构

(c)$P_a<P_0$时流场结构   (d)$P_a\geq P_0$时流场结构

图 3-1   不同压力比值下气体流场结构

3.1.3   气体的撞击射流作用

气体辅助激光加工木材过程中,气体射流的稳定性是决定激光加工木材质量优劣的先决条件,气体从气腔流出,经由喷嘴喷射到一个开放空间,通过与周围空气发生接触并与木材表面发生撞击作用,形成复杂的撞击射流。图 3-2 为气体辅助激光加工过程中气体射流分区。由图 3-2 可以看出,在自由射流区内,辅助气体由喷嘴射出后迅速向外扩张,由于作用空间较大,几乎不受工件表面的影响。在冲击射流区内,由于受到工件表面的阻碍作用,致使一部分气体的流向发生改变,其流动方向开始发生显著变化而流向两侧,气流速度衰减并在两侧形成了很大的压力梯度,切缝周围区域在喷嘴和木材表面之间的流场中将产生涡流。在壁面射流区内,由于气体的扩散膨胀使得气流压力恢复至标准环境压力,气体的流动方向几乎平行于工件表面。进入木材切缝中的气体射流经壁面反射作用与气流边界层相互扰动形成压缩波,边界层对压缩波和膨胀波的反射作用使得切缝壁中产生斜激波。斜激波的出现会导致波后的速度急剧下降,进而弱化气体在切口中的剪切作用力,影响切缝中熔融物质的吹除能力。激光切割木材时喷嘴喷出的气体射流应避免发生紊乱而导致进入切口中的气流变得不稳定,由于气体流场结构对距离大小非常敏感,被加工木材离喷嘴的距离越远,气体射流传播过程的稳定性越差,同时气体射流的喷射速度也会对气流的稳定性产生一定影响。因此,为了保证气体辅助激光加工能力,确保从喷嘴喷出的气体射流具有稳定的动力学作用,需要将喷嘴与工件的作用距离限制在一个相当小的范围之内。

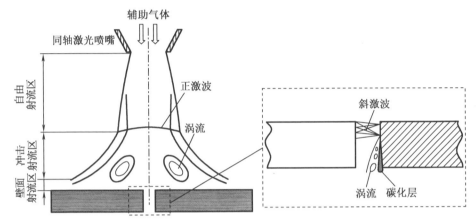

图3-2 气体辅助激光加工过程中气体射流分区

3.1.4 激光与气流相互作用

气体辅助激光加工木材过程中,在激光器腔体内激光束经由气体介质传输并作用于木材表面,通过对激光能量的吸收使得辅助气体温度升高,由此导致传输通道内的气体密度发生改变。在激光与气体介质耦合问题的研究中,光传输方程一般是通过麦克斯韦方程推导得出的,在各向同性连续均匀的气体介质中光传输方程可以表示为

$$\nabla_t^2 A_P - 2i\beta \frac{\partial A_P}{\partial z} + \beta^2 \left(\frac{n_0^2}{n_g^2} - 1 \right) A_P = 0 \tag{3-1}$$

式中 ∇_t^2——微分算子,$\nabla_t^2 = \dfrac{\partial^2}{\partial x^2} + \dfrac{\partial^2}{\partial y^2}$;

A_P——激光的复振幅;

i——虚数单位;

49

β——激光波数，$\beta = 2\pi/\lambda$；

z——激光的传输方向；

n_g——有耦合作用时气体折射率；

n_0——无耦合作用时气体折射率。

考虑激光器腔体内部激光传输过程中对辅助气体有加热效应，气流密度的变化导致激光折射率随之改变，由于传输路径的改变和聚焦光束的偏斜使得激光照射焦点位置发生变化。因此，激光能量作用后，辅助气体的折射率变化可由下式表示：

$$n_0 = n_g + \Delta n \tag{3-2}$$

假定激光与辅助气体的相互耦合作用加热过程是瞬间完成的，只改变气体的密度和温度，对气体压强的影响很小。由于压力保持恒定，因此，可由折射率温度吸收表示激光加热导致的气体折射率变化，即

$$\Delta n = n_T \Delta T \tag{3-3}$$

式中　Δn——激光加热引起的气体折射率变化；

n_T——折射率温度系数，$n_T = \dfrac{\mathrm{d}n}{\mathrm{d}T_1}$；

T_1——气体温度，K。

由此可见，气体辅助激光加工木材的过程中，高能量激光束对辅助气体具有加热效应而导致气体折射率发生改变，同时，气体介质对激光束也会产生反作用。当一定频率的激光束入射到气体介质中，光子与介质中的分子相互碰撞，消耗能量并激发分子振动而产生次波，这些次波变为沿各个方向传播的辐射，从而导致激光发生散射。随着作用时间的变化，光子与分子之间发生能量交换，光子将一部分能量转移给介质分子，或者吸收一部分介质分子的能量，从而使散射光频率发生改变。气体辅助激光加工木材过程中，气体介质对激光能量的作用主要是非线性散射的受激拉曼散射，即入射激光与气体介质的分子运动相互作用时引起光束的散射。辅助气体与激光的传输率和激光能量的大小关系密切，热效应对折射率的影响随激光能量的增大而增大，此时受激拉曼散射现象明显，散射损耗的激光能量较多。因此，气体辅助激光加工木材时，要合理选择激光功率以及气体介质等相关参数，减少由散射而造成的激光能量损耗以提高加工效率，节约能源。

3.2 气体辅助激光加工薄木的作用机理

激光加工木材的过程中,高功率激光束与木材表面相互作用时,传导加热、材料相变和蒸气喷射等过程同时发生,由于木材表面与空气环境相互接触,因此,激光束作为加工热源在照射木材的过程中必然会伴随燃烧反应,侧向燃烧生成的热解产物附着在切割表面形成碳化层,过厚的碳化层不利于热量向纵深方向传递,而且也造成了能量的大量耗费。图3-3为气体辅助激光加工薄木过程。基于物理阻尼作用,通过具有一定压力和流速的气体与激光束由喷嘴同轴喷出,将静止无压的空气从喷嘴的周围挤出,在切割区域上方形成气流保护罩,阻断工件表面高温区对氧气的吸收,通过减小燃烧放热而有效减小热影响区范围,从而获得切缝宽度较小、切口平整、表面细致、美观无烧灼的加工效果。

气体辅助激光加工技术集激光热能、气流动能等多种能量形式于一体,其作用机理不仅存在着激光烧蚀作用和气体射流的抑制作用,还存在着两种作用形式的耦合。氮气作为惰性气体,在高温条件下既不发生分解,也不与加工木材发生化学反应,较好的稳定性不会使被保护区域内的温度急剧下降而产生冷凝现象,因此,木材不会发生受潮、霉变和腐蚀等情况。图3-4为气体辅助激光加工薄木成型机理。

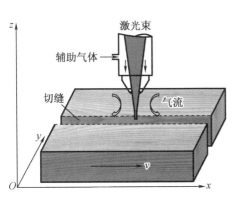

图3-3 气体辅助激光加工薄木过程

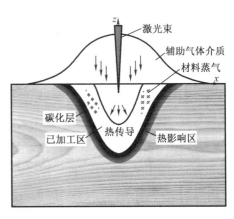

图3-4 气体辅助激光加工薄木成型机理

由图 3-4 可知,当激光作用在木材表面时,部分木材在高温作用下瞬间气化,喷嘴喷出的气体射流在较低压力作用下不足以对基材产生破坏,并在木材表面形成气帘保护,使被加热到高温的切缝与木材基体同周围空气隔离开,当混合边界中氧气含量低于某一范围时将不具备燃烧条件,燃烧因为缺少氧气而终止。同时,气体射流的冷却吹扫作用可以有效缓解热量集中所导致的热影响区范围扩大和木材烧蚀问题,由于热量聚集形成碳颗粒集中在切缝表层,向下的气体射流将熔融物质以残渣的形式带离,防止熔渣再次凝固堆积,所以气体射流的冲击作用间接提高了加工效率,进而提高了木材切割质量。

综上所述,气体辅助激光加工是将基材周围的环境介质由含氧量较高的空气改变为可以断氧阻燃的惰性气体,通过气体活性与激光参数之间的协同作用抑制燃烧进程。辅助气体的保护可以避免高温下木材与空气中的氧气结合发生燃烧反应,在保证加工效率的同时减少熔融物质形成的残渣,同时由于喷嘴向加工区域喷射的气体具有一定的速度和压力,利用气体射流剪切力作用将木材气化后的烧蚀产物带走,有助于碳颗粒和残渣及时排除,消除热应力,减小热影响区,进而改善材料的加工质量。

3.3 气体辅助激光加工薄木的阻燃效应分析

通过 3.2 节的分析可知,气体辅助激光加工薄木过程中,辅助气体作为唯一与被切割木材相互接触的物质,其物理属性直接影响着激光加工成型工件质量的好坏。本节将通过实验的方法从宏观角度对气体辅助激光加工薄木成型机理做进一步分析,验证理论的正确性。根据不同气体辅助对阻燃效应的影响,基于热传导率、解离能、电离能等方面的考虑,分别选择氮气和氦气作为辅助气体。以樱桃木(prunus serotina)薄木为原料,其气干密度为 0.85 g/cm^3,含水率为 10%,将其加工后得到尺寸为 100 mm×80 mm×0.5 mm(长×宽×厚)的样件。辅助气体采用纯度为99.999%工业级压缩气体,通过与激光束同轴的喷嘴喷出,气体压力经减压阀控制调节为 0.2 MPa。气体辅助激光加工薄木实验的工艺参数见表 3-2。

表 3-2　气体辅助激光加工薄木实验的工艺参数

序号	辅助气体	样件尺寸 （长×宽×厚）/mm	脉冲宽度 /ns	激光波长 /μm	激光功率 /W	切割速度 /(mm·s⁻¹)
1	无	100×80×0.5	20	10.6	15,20,25,30, 40,50,60,70	20,30,40,50, 60,70,80,90
2	有					

激光加工过程中，切缝宽度和碳化灼烧的程度是衡量加工质量的重要依据。激光加工木材的切缝宽度和切缝深度是考察加工效率的研究指标，碳化层厚度和表面粗糙度是表面质量优劣的评价标准。因此，气体辅助激光加工薄木所获得的切缝宽度越小，切缝平整度越好，则加工效果越理想。热影响区越小，表面碳化程度越低，则表面加工质量越优良。图 3-5 为气体辅助激光加工质量评价指标示意图。

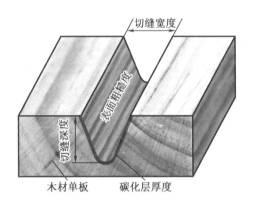

图 3-5　气体辅助激光加工质量评价指标示意图

将薄木固定在工作台上，激光束经由光学系统的反射与聚焦作用进入加工区，通过伺服电机驱动 x 向和 y 向进给系统控制气体辅助激光加工装置与被加工木材的相对位置。辅助气体经由喷嘴导入并与激光束同轴均匀喷射到木材表面，从而实现激光束与气体射流同步工作。通过分组实验分别探讨有气体辅助或没有气体辅助的情况下，激光功率和切割速度对木材切缝宽度以及表面碳化区的影响规律，根据不同气体作用下木材切割质量的变化解释辅助气体在激光加工过程中的作用。图 3-6 是气体辅助激光加工薄木示意图。

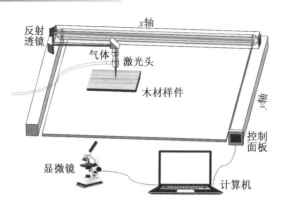

图 3-6 气体辅助激光加工薄木示意图

3.3.1 不同气体对切口宽度的影响

采用激光对樱桃木薄木进行加工,针对有气体辅助或没有气体辅助的情况,分别测量不同激光功率和切割速度作用下所产生的切缝宽度。考虑激光加工过程中由于不完全燃烧现象所导致的切缝边缘形状不规则,因此需要对每一组切缝进行多次测量取平均值,以期获得更准确的数据,通过数据处理观察其变化趋势,比对结果,如图 3-7 所示。

由图 3-7 可知,同样的室温条件下,采用氮气辅助激光切割樱桃木,切缝宽度小于传统激光加工,这是由于氮气的导入使可燃气体被稀释,氧气浓度降低,减缓反映速率的同时减少了热量的释放,同时具有一定压力和流速的氮气以冷却作用与气流的吹扫作用为主,使木材基体迅速冷却并带走木材表面残留物,防止热量的继续扩散。根据不助燃气体对火焰淬熄能力影响的机理研究可知,氮气的淬熄能力相对较弱,因此,使用氮气作为辅助气体时,激光切割过程中由于不完全气化而导致切口边缘呈现锯齿状,当切割速度较快时整个切割断面一致性更差。采用氩气辅助激光加工木材时,切缝宽度小于采用氮气辅助,这是由于具有一定压力和流速的氩气射流可以吹除加工区域内的空气,同时氩气不易燃烧,在加工区形成断氧保护,使其处于无氧状态,防止其他气体混入破坏木材燃烧的基本条件,起到断氧阻燃的作用。氩气作为淬熄效果最好的惰性气体,对减小热影响区和减弱烧灼现象具有很好的效果,其使高温区域不能继续燃烧和烧蚀,故保证了切缝的平整度,进而获得非常好的切口一致性。

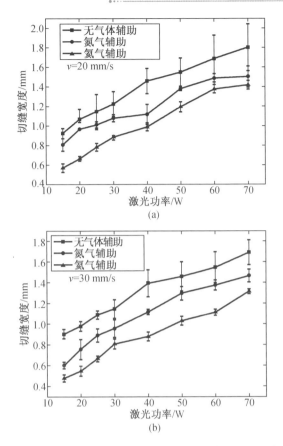

图 3-7 有无气体辅助时工艺参数对切缝宽度的影响

3.3.2 不同气体对切口碳化的影响

在激光加工参数一定的情况下,激光对木材的辐射作用促使其在极短时间内发生剧烈的变化,大部分材料在激光能量的作用下迅速蒸发气化,随着持续作用时间的累积,激光能量向材料内部渗透,并在切口周围产生较大的热影响区和碳化区。激光切割木材的碳化区是指在激光能量的作用下,切缝两侧发生明显烧蚀和碳化的区域。碳化区可以直观地反映辅助气体对加工质量的影响。由于烧蚀区域的宽度并不一致,故在切缝两侧烧蚀区域分别选取 3 点进行测量,取 3 点测量值的平均值,以期获得更准确的数据。

由图 3-8 和图 3-9 可知,传统激光切割后碳化区宽度最大,切缝处烧蚀和碳化现象严重,这是由于被加工样件暴露在空气中,在激光切割过程中,高能量的激光束作用在木材表面,瞬间达到木材燃点温度,木材与空气中的氧气作用发生燃烧反应,并导致热影响区扩大,由于实验样件较薄,过多的热量通过热传导作用沿径向扩散,进而产生较严重的烧蚀和碳化现象。使用氮气辅助加工时,切口处表面烧蚀现象得到了较好的改善,在气流的吹扫作用下减小了热量的堆积,切缝边缘的颜色由炭黑色变为深褐色,但是碳化区宽度仍然较大。氦气辅助激光加工时,碳化区域明显减小,表面仅有轻微的烧蚀。这是由于氦气具有较好的淬熄作用,通过喷嘴以一定的压力和速度喷射到被加工材料表面以及切缝处,在喷嘴出口和工件之间以及切缝内部形成一个阻燃气流场,对切缝的边缘进行有效的阻燃、断氧和冷却,通过气流的吹扫作用及时带走切缝内烧蚀区域的热量。由于热量不能进一步传导,有效防止了热影响区的扩大,减小了切缝表面的碳化区域。

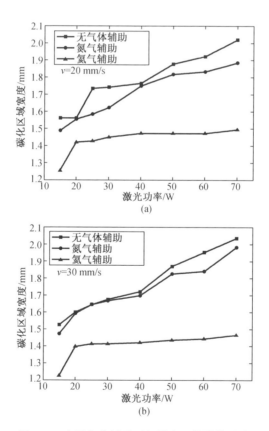

图 3-8　有无气体辅助对切缝表面烧蚀的影响

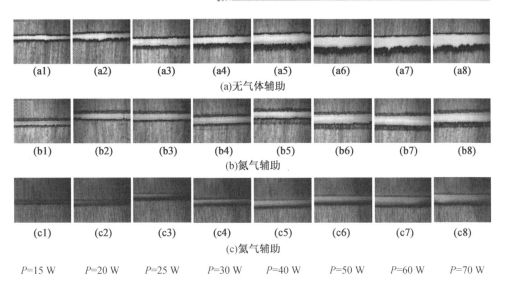

(a1)　　　(a2)　　　(a3)　　　(a4)　　　(a5)　　　(a6)　　　(a7)　　　(a8)

(a)无气体辅助

(b1)　　　(b2)　　　(b3)　　　(b4)　　　(b5)　　　(b6)　　　(b7)　　　(b8)

(b)氮气辅助

(c1)　　　(c2)　　　(c3)　　　(c4)　　　(c5)　　　(c6)　　　(c7)　　　(c8)

(c)氦气辅助

$P=15\text{ W}$　　$P=20\text{ W}$　　$P=25\text{ W}$　　$P=30\text{ W}$　　$P=40\text{ W}$　　$P=50\text{ W}$　　$P=60\text{ W}$　　$P=70\text{ W}$

图 3-9　$\nu=20\text{ mm/s}$ 时不同激光功率对应的切口显微图

3.3.3　不同气体对切缝表面微观形貌的影响

通过以上对切缝宽度和碳化区域宽度的分析可以看出,辅助气体的物理属性对激光切割薄木的表面质量具有重要影响,利用扫描电子显微镜观察切缝宽度最小处切口的微观形貌,在微观环境下分析激光对木材表面烧蚀程度的影响,为分析木材纤维的形貌破坏提供指导。如图 3-10(a)所示,在传统激光加工后,无气体辅助时,由于燃烧反应,切缝表面发生釉化现象,较厚的熔渣不能被及时吹除而附着于切口表面,切口处有较大的热影响区,管胞内壁存有大量碳化烧蚀粒子。如图 3-10(b)所示,在不助燃气体氮气的辅助下,切缝表面由于不完全燃烧而出现错层,并且切口附近纤维组织比较粗糙,存在大量碳化粒子。如图 3-10(c)所示,在惰性气体氦气辅助激光加工木材过程中,切缝表面比较平整,没有明显的缺陷,基本呈现木材原始纤维形貌,管胞内壁仅有少量粒子。这是由于惰性气体的阻燃特性使达到燃点的木材无法燃烧,破坏了燃烧的基本条件,同时,惰性气体的冷却作用降低了切缝表面的温度,气流将残渣吹离加工区域,阻断了热量的继续传导,有效地保证了切缝的质量。

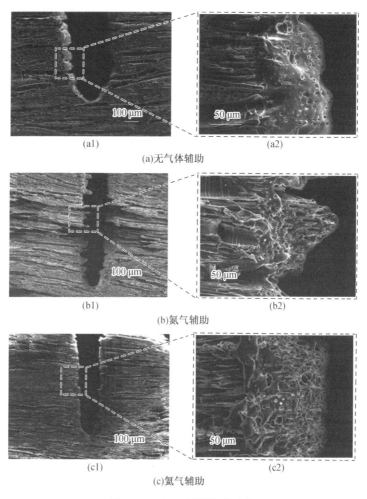

(a1) (a2)

(a)无气体辅助

(b1) (b2)

(b)氮气辅助

(c1) (c2)

(c)氩气辅助

图 3-10 切口断面微观形貌

　　以上实验结果直观解释了气体辅助激光加工薄木的作用机理,利用辅助气体的断氧阻燃作用减少了燃烧反应热量的释放,通过气体射流的协同作用减少了切割表面热量的堆积,从而达到改善加工表面质量的工艺需求。在相同加工参数下,由于惰性气体性质稳定,在激光切割薄木过程中,氮气既不支持燃烧,也不与基材发生氧化反应,并在切割区形成断氧保护层,阻止燃烧放热反应的发生。同时,通过气流的吹扫,利用气体射流的协同作用将激光切割过程中产生的碳化粒子带走,减少被加工表面烧蚀产物的黏附现象,有效地提高了成型工件的加工精度和表面质量。但是受木材厚度的限制,本实验所采用的薄木厚度仅有 0.5 mm,吸收的激光热量不能纵向传导,碳化现象主要表现于切缝表面的有机物附着,而惰性气体对在激光加工木材过程中深度方向的能量传递及气流作用的影响仍需深入研究。

3.4 本章小结

本章分析了激光与木材相互作用过程中材料对激光能量的吸收、传递与转化过程,根据激光加工特点,通过理论分析与实验验证的方式对气体辅助激光加工薄木成型机理进行深入研究,并得到以下结论。

(1)通过对激光、气体、木材相互作用过程的研究,获得了木材在激光烧蚀过程中切缝形成的过程描述,提出了将气体辅助与激光加工技术相结合并应用于木材加工领域的工艺方法。

(2)探究气体喷射过程中的撞击射流作用过程。喷嘴中喷出的辅助气体动力学性能受外界条件影响而不断发生变化,复杂的气体流场结构对激光切割过程以及切割质量具有重要影响。由此可知,气体辅助激光加工木材过程中为避免激波现象的发生,气体压力不是越大越好,喷嘴与工件距离应被限制在合理的范围内。

(3)以厚度为 0.5 mm 的樱桃木为实验材料,用实验的方法多角度揭示气体辅助激光加工薄木的成型机理。通过对木材切缝宽度及表面碳化区域宽度的对比分析可知,由于氮气具有良好的淬熄作用,隔绝氧气的同时阻止燃烧反应的发生,防止热量的继续扩散,可以有效减小热影响区,切缝宽度较小,通过气流的吹扫将激光加工木材产生的炭渣等带走,改善木材表面碳化现象,提高木材加工的表面质量。

第4章 气体辅助激光加工的
热过程分析

气体辅助激光加工木材是集光学、热学、力学等作用于一体的交互耦合过程，激光加工时的工作环境以及气体射流与工件相互作用将产生复杂热交换问题，这一问题具有很强的复杂性和瞬态性，特别是边界条件变化给温度场分布以及应力应变场的精确求解带来很大难度，传统的理论计算方法和经验法研究不仅周期长，还浪费人力和物力资源，且最终不能获得准确的研究结果。有限元分析方法是目前一种行之有效的研究方法，已经在激光复合加工中得到广泛的应用。本章基于有限元模拟理论，对气体辅助激光加工过程进行分析，分析激光烧蚀过程中能量传热特性、热源模型以及热源轨迹控制方式，为气体辅助激光加工木材传热传质过程研究提供理论基础。

4.1 气体辅助激光加工的
热传导理论

通过第3章对气体辅助激光加工薄木机理的理论分析与实验分析可知，气体对激光加工薄木成型质量有重要影响，但并没有对辅助气体的抑制作用影响温度分布变化的根本原因进行描述。气体辅助激光加工的本质是一个热过程，涉及传导热转换、对流热转换、辐射热转换和流体力学的多学科相关知识。当激光束照射到被加工材料表面时，一部分能量被木材表面阻挡而发生反射，通过分子热运动向周围空间发散的过程为辐射传热；另一部分能量通过传导传热被工件内部或表面吸收，通过晶格振动转换为热能，使得局部区域熔化或气化，同时热能在气流的影响下依靠流体质点的移动进行热量传递并由切割前沿表面向周围环境消散，这种相互作用称为对流传热。研究不同辅助气体对激光烧蚀过程的影响规律,深入揭示其影响切割质量的作用机制,对于提高气体辅助激光加工薄木的成型质量和加工效率有重要的参考意义。

4.1.1　气体辅助激光加工薄木传热方程

传热过程的发生本质要遵循能量守恒定律,其控制方程随物质固相、液相或多相的变化而发生改变。激光加工木材的过程是激光、木材、气体以及周围环境相互作用的复杂热传导问题,当激光热源随着预设轨迹发生移动时,木材被照射区域范围内的温度随着时间和空间的改变而发生急剧变化,由此导致被加工木材的热物理性能随之发生一定的变化,因此激光加工过程中温度场的变化是一个复杂非稳态且非线性问题。

1.固体传热

气体辅助激光加工过程中,当木材被高能激光束照射时,激光热源连续地作用在木材表面形成烧蚀区域,由于激光束半径尺寸远小于木材表面范围,因此,木材表面被视作一个无限大的平面,加工过程中热量由木材表面向内部进行传递。图4-1为导热系统及其在直角坐标系中的一个微元体 $\mathrm{d}x\mathrm{d}y\mathrm{d}z$。

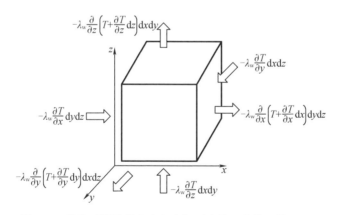

图4-1　导热系统及其在直角坐标系中的一个微元体 dxdydz

基于能量守恒定律可知,单位时间净导入微元体的热量 ΔE_{g} 与微元体内热源生成的热量 ΔE_{p} 应等于微元体焓的增加量 ΔQ,即

$$\Delta E_{\mathrm{g}} + \Delta E_{\mathrm{p}} = \Delta Q \tag{4-1}$$

61

根据傅里叶定律可知,在 $\mathrm{d}t$ 时间内 x 方向上导入的热量可以表示为

$$-\lambda_{\mathrm{w}}\frac{\partial T}{\partial x}\mathrm{d}y\mathrm{d}z\mathrm{d}t \tag{4-2}$$

式中　λ_{w}——木材导热系数,$\mathrm{W}/(\mathrm{m}\cdot\mathrm{K})$;

　　　T——温度,K;

　　　t——时间,s。

从而导出的热量为

$$-\lambda_{\mathrm{w}}\frac{\partial}{\partial x}\left(T+\frac{\partial T}{\partial x}\mathrm{d}x\right)\mathrm{d}y\mathrm{d}z\mathrm{d}t \tag{4-3}$$

因此,在 x 方向上净导入的热量为

$$\lambda_{\mathrm{w}}\frac{\partial^2 T}{\partial x^2}\mathrm{d}x\mathrm{d}y\mathrm{d}z\mathrm{d}t \tag{4-4}$$

同理,在 y 方向上的净导入的热量为

$$\lambda_{\mathrm{w}}\frac{\partial^2 T}{\partial y^2}\mathrm{d}x\mathrm{d}y\mathrm{d}z\mathrm{d}t \tag{4-5}$$

而在 z 方向上净导入的热量为

$$\lambda_{\mathrm{w}}\frac{\partial^2 T}{\partial z^2}\mathrm{d}x\mathrm{d}y\mathrm{d}z\mathrm{d}t \tag{4-6}$$

于是有

$$\Delta E_{\mathrm{g}}=\lambda_{\mathrm{w}}\left(\frac{\partial^2 T}{\partial x^2}+\frac{\partial^2 T}{\partial y^2}+\frac{\partial^2 T}{\partial z^2}\right)\mathrm{d}x\mathrm{d}y\mathrm{d}z\mathrm{d}t \tag{4-7}$$

微元体内热源在 $\mathrm{d}t$ 时间内生成的热量为

$$\Delta E_{\mathrm{p}}=Q\mathrm{d}x\mathrm{d}y\mathrm{d}z\mathrm{d}t \tag{4-8}$$

式中　Q——内热源发热量,W/m^3。

微元体在 $\mathrm{d}t$ 时间内焓的增加量为

$$\Delta Q=\rho C_{\mathrm{pi}}\frac{\partial T}{\partial t}\mathrm{d}x\mathrm{d}y\mathrm{d}z\mathrm{d}t \tag{4-9}$$

式中　C_{pi}——木材的比热容,$\mathrm{J}/(\mathrm{kg}\cdot\mathrm{K})$。

将式(4-7)、式(4-8)、式(4-9)代入式(4-1)中,两边同时除以 $\mathrm{d}x\mathrm{d}y\mathrm{d}z\mathrm{d}t$,则可以得到

$$\rho C_{\mathrm{pi}}\frac{\partial T}{\partial t}=\lambda_{\mathrm{w}}\left(\frac{\partial^2 T}{\partial^2 x}+\frac{\partial^2 T}{\partial^2 y}+\frac{\partial^2 T}{\partial^2 z}\right)+Q \tag{4-10}$$

式中 ρ——木材的密度，kg/m^3。

式(4-10)表述了导热系统内温度场随时间和空间变换的规律，也可写为

$$\rho C_{pi} \frac{\partial T}{\partial t} + \nabla(-\gamma_i \nabla T) = Q \qquad (4-11)$$

式中 γ_i——热扩散率，等于 $\dfrac{\lambda_w}{\rho C_{pi}}$，表示木材被加热过程中各部分温度值趋于稳定

和一致的能力。

在气体辅助激光加工薄木过程中，只需要给定适当的初始条件及边界条件，就可以求解激光热源作用下木材表面及内部的传热问题。

2. 流体传热

由于激光加工木材的过程中高能激光照射导致木材表面产生烧蚀损伤和表面碳化，为改善表面质量，减少碳化现象的影响，结合气体辅助工艺，由第3章的理论分析及实验验证氦气具有很好的淬熄作用，利用气体的动力学性能能够实现断氧阻燃特性。因此，在气体辅助激光加工薄木的温度场研究中，气体射流对温度场的换热主要是对流换热，与气体中的流速场密切相关，对流项可以表示为

$$\rho C_{pi} \boldsymbol{u} \nabla T \qquad (4-12)$$

式中 $\boldsymbol{u}$——气体的流速，m/s。

因此，式(4-11)可以改写为

$$\rho C_{pi} \frac{\partial T}{\partial t} + \rho C_{pi} \boldsymbol{u} \nabla T + \nabla(-\gamma_i \nabla T) = Q \qquad (4-13)$$

3. 相变传热

激光去除材料的过程是由于热量的累积导致作用温度达到材料相变临界值，促进材料物理形态的改变，并由固态向液态转化或由液态向气态的转化过程。气体辅助激光加工薄木过程中材料的去除方式主要是木材在高温下的气化，由于木材没有液相状态，因此本研究只考虑固相和气相存在时物理性质的变化。假设相变发生在 $T_{pc}-\Delta T/2$ 和 $T_{pc}+\Delta T/2$ 之间的温度区间，此时，在材料达到相变温度 T_{pc} 前向能量平衡方程中加入潜热 $L(J/kg)$。当温度低于 $T_{pc}-\Delta T/2$ 时，$\theta=1$，即表示不会发生相变，温度升高到 $T_{pc}+\Delta T/2$ 时，$\theta=0$，其热力学中比焓 H 的关系表示为

$$H = \theta H_1 + (1-\theta)H_2 \qquad (4-14)$$

$$C_{p0} = H + C_L(T) = \frac{1}{\rho}\left[\theta\rho_1 C_{p1} + (1-\theta)\rho_2 C_{p2}\right] + L\frac{\partial \alpha_m}{\partial T} \qquad (4-15)$$

式中　H_1——相变之前相 1 的焓，kJ/mol；

　　　H_2——相变之后相 2 的焓，kJ/mol；

　　　θ——相变前相的比例；

　　　$\dfrac{\partial \alpha_m}{\partial T}$——狄拉克脉冲。

潜热分布 C_L 近似为

$$C_L(T) = L\frac{\partial \alpha_m}{\partial T} \tag{4-16}$$

假设相变过程中单位体积释放的总热量与潜热重合，可以得到

$$\int_{T_{pc}-\frac{\Delta T}{2}}^{T_{pc}+\frac{\Delta T}{2}} C_L(T)\,\mathrm{d}T = L\int_{T_{pc}-\frac{\Delta T}{2}}^{T_{pc}+\frac{\Delta T}{2}} \frac{\mathrm{d}\alpha_m}{\mathrm{d}T}\mathrm{d}T = L \tag{4-17}$$

有效导热系数降低为

$$\lambda_w = \theta\lambda_1 + (1-\theta)\lambda_2 \tag{4-18}$$

有效密度为

$$\rho = \theta\rho_1 + (1-\theta)\rho_2 \tag{4-19}$$

质量分数 α_m 由 ρ_1、ρ_2 和 θ 定义为

$$\alpha_m = \frac{1}{2}\frac{(1-\theta)\rho_2 - \theta\rho_1}{\theta\rho_1 + (1-\theta)\rho_2} \tag{4-20}$$

4.1.2　控制边界条件

气体辅助激光加工薄木过程中需要根据实际情况设置热量传递数值模拟的初始条件和边界条件，用以确定一个真实和完整的物理计算过程。在气体辅助激光加工薄木过程中，瞬态空间某一点的温度分布与时间相关，在时间 $t=0$ 时，由于热作用尚未发生，此时木材温度均匀且与室温一致，其初始条件表达式为

$$t=0,\ T=T_0 \tag{4-21}$$

式中　T_0——环境温度，K。

本节中气体辅助激光加工薄木有限元分析模型表面的初始温度与周围介质温度相同，即为室温，一般取 293 K，也即 $T_0 = 293$ K。

在有限元软件分析中，木材边界区域 S 上的温度函数即第一类边界条件的表达式为

$$t=0, T(x,y,z,t)=T_S \tag{4-22}$$

式中　T_0——环境温度，K；

　　　T_S——木材表面温度，K。

已知给定系统边界上的温度梯度，即木材边界上的热流密度值，根据傅里叶定律可知第二类边界条件表达式为

$$\lambda_w \frac{\partial T}{\partial \Gamma}=Q_S(x,y,z,t) \tag{4-23}$$

式中　Γ——热源中心到木材表面的距离，mm；

　　　$Q_S(x,y,z,t)$——关于位置、时间的木材表面热流密度函数。

气体辅助激光加工时，作用于木材表面的热量主要来自激光束释放的能量，由于木材表面与其相接触的流体介质间会发生对流传热，因此，第三类边界条件表达式为

$$-\lambda_w \frac{\partial T}{\partial \Gamma}=h(T_S-T_a)+\sigma\varepsilon_h(T_S^4-T_a^4) \tag{4-24}$$

式中　T_a——空间介质温度，K；

　　　h——表面换热系数，$W/(m^2 \cdot K)$；

　　　ε_h——热辐射系数；

　　　σ——斯特藩-玻尔兹曼常数，等于 $5.67 \times 10^{-8}\ W/(m^2 \cdot K^4)$。

在气体辅助激光加工薄木的仿真模型中，激光束作为热量的唯一来源，激光热作用产生的载荷能量分布于光斑作用区域，由于在加工过程中喷射的气体射流用于形成断氧区域，因此木材表面会产生对流换热。由于激光能量的热流分布较为集中，快速加工过程中产生的热影响区很小，而作用热源与被加工木材外壁的距离较远，因此，除被加工表面外的其他壁面可假设为绝热壁面，由辐射造成的能量损失忽略不计。

4.2　激光热源模型的建立

在激光加工木材的过程中，由于激光光强的不均匀分布，导致木材对激光能量的吸收和材料本身的热物理参数发生不均匀变化，建立合理的激光热源模型使模

拟结果更符合实际情况是非常必要的。激光热源模型是输入热量在工件上作用过程的时间域和空间域分布特点的描述,因此,温度场变化的计算精度取决于是否构建合理的热源模型。当能量密度相同时,不同的激光热源模型对表面加工质量以及热影响区范围和组成成分有不同程度的改变与影响。目前科学研究中关于激光加工热量传递常用的热源模型主要有面热源、三维体积热源以及混合热源。

4.2.1 平面高斯热源模型

在激光加工的数值模拟研究中,由于加工材料通常属于不透明材料,热源加载时激光热源经常被设置为面热源,用于表示激光热量释放产生的热通量仅通过工件材料的表面以一定的作用面积进行能量传递。在面热源模型中,最具有代表性的是正态高斯面热源模型,高斯函数可以近似地描述其热流密度分布特点。图4-2为面热源模型的几何表示。

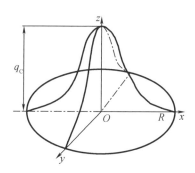

图4-2 面热源模型的几何表示

距离光斑中心任一点的热流密度可以表示为

$$q(r) = q_c \exp\left(-\frac{3r^2}{R^2}\right) \tag{4-25}$$

$$q_c = \frac{3}{\pi R^2} Q_{laser} \tag{4-26}$$

式中 q_c——中心热流密度,$J/(m^2 \cdot s)$;

     R——作用在工件表面的光斑半径,μm;

     r——任意点到光斑中心的距离,mm;

     Q_{laser}——激光输入总能量,J。

由于面热源模型中仅考虑激光能量在工件表面的作用过程,忽略了激光能量沿深度方向的传递路径,不符合实际加工情况,因此面热源仅适用于不考虑能量沿工件深度方向传导对温度梯度影响的薄板加工等。

4.4.2 三维体积热源模型

气体辅助激光加工木材具有一定的厚度,无法忽略厚度方向热流分布的影响,此时使用平面热源模型进行计算就会产生明显的误差,而三维体积热源模型在面热源模型的基础上综合考虑热流沿半径方向的加载,同时表征了沿厚度方向的作用深度,从宏观的传热过程出发,通过工件内部相应热源模型的建立,以热传导的方式在立体范围内向周围材料传递热量。目前比较典型的激光体热源模型有双椭球体热源模型、三维锥体热源模型、旋转高斯体热源模型等。

1. 双椭球体热源模型

基于高能激光束切割过程中热源瞬间移动导致作用区域前后热流分布的不对称特征而提出了双椭球体热源模型。在一定的作用体积范围内,热流密度最大值和热源作用半径沿材料厚度方向均逐渐衰减,移动方向前方的热流密度梯度较大,而移动方向后方的热流密度梯度较小,如图4-3所示。

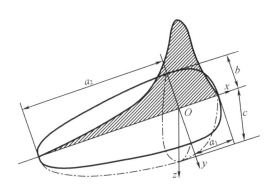

图 4-3 双椭球热源模型

前 1/4 椭球热流密度分布表达式为

$$q_1(x,y,z,t) = \frac{6\sqrt{3}f_1 Q_{\text{laser}}}{a_1 bc\pi\sqrt{\pi}}\exp\left(-\frac{3x^2}{a_1^2}-\frac{3y^2}{b^2}-\frac{3z^2}{c^2}\right), x \geqslant 0 \qquad (4-27)$$

后 1/4 椭球热流密度分布表达式为

$$q_2(x,y,z,t) = \frac{6\sqrt{3}f_2 Q_{\text{laser}}}{a_2 bc\pi\sqrt{\pi}}\exp\left(-\frac{3x^2}{a_2^2}-\frac{3y^2}{b^2}-\frac{3z^2}{c^2}\right), x<0 \tag{4-28}$$

式中　t——激光作用时间，s；

　　　f_1、f_2——热源前、后两部分的能量分布系数；

　　　b、c——前、后半椭球的另外两个半轴；

　　　a_1、a_2——前、后半椭球的长半轴。

其中部分参数具有以下关系：

$$f_1 + f_2 = 2, f_1 = \frac{2a_1}{a_1+a_2}, f_2 = \frac{2a_2}{a_1+a_2} \tag{4-29}$$

双椭球热源模型是将 4 个热源模型参数进行整合，综合考虑热源移动过程中前、后两部分温度梯度之间的差异。由于涉及较多的参数变化，因此该模型在计算过程中的参数调整较为烦琐且增加了模型的复杂性。

2. 三维锥体热源模型

三维锥体热源是将平面高斯热源沿工件厚度方向的叠加，当保持热流密度不变时，沿轴向方向的热流分布仍呈现为高斯特征，沿厚度方向的热流分布呈现线性衰减，三维锥体热源模型如图 4-4 所示。

三维锥体热源热流分布函数为

$$q(r,z) = \frac{9Q_{\text{laser}}e^3}{\pi H_0(e^3-1)(r_0^2+r_0 r_i + r_i^2)}\exp\left(-\frac{3r^2}{r_0(z)^2}\right) \tag{4-30}$$

$$r_0(z) = r_0 - (r_0-r_i)\frac{z_0-z}{z_0-z_i} \tag{4-31}$$

式中　H_0——热源高度，mm；

　　　z_0、z_i——热源上、下表面的 z 坐标；

　　　r_0、r_i——热源上、下表面的热流分布高斯半径，mm。

与双椭球体热源模型相比，三维锥体热源模型在计算切缝形状的过程中考虑了热流分布沿厚度方向的变化，但是忽略了激光能量在切缝内部的沉积过程，由此导致切缝中下部的计算值与试验值有较大的差别。

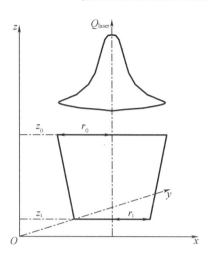

图 4-4　三维锥体热源模型

3. 旋转高斯体热源模型

旋转高斯体热源中垂直于热源轴线的各截面热流均服从高斯分布,当热流密度在中心线上的峰值保持不变时,沿工件厚度方向的各截面有效半径呈逐渐衰减趋势,如图 4-5 所示。其具体的表达式为

$$q(x,y,z)=\frac{3C_s Q_{laser}}{\pi H_D\left(1-\dfrac{1}{e^3}\right)}\exp\left[\frac{-3C_s}{\log\left(\dfrac{H_D}{z}\right)}(x^2+y^2)\right] \tag{4-32}$$

$$C_s=\frac{3}{R_H^2} \tag{4-33}$$

式中　H_D——热源作用深度,mm;

　　　C_s——热源集中系数;

　　　R_H——体热源开口半径,mm。

旋转高斯体热源模型可以准确地描述激光能量沿有效半径方向的热作用,并考虑沿厚度方向的能量衰减趋势,模拟结果比较符合激光加工的切缝形状和温度场分布特点。相比于高斯面热源模型、双椭球体热源模型、三维锥体热源模型,旋转高斯体热源模型的计算精度大大提高。

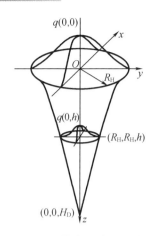

图 4-5　旋转高斯体热源模型

　　本章的研究对象是气体辅助激光加工薄木单板,相比于第3章实验使用的薄木皮具有一定的厚度,因此在热源模型建立时,在深度方向的热量损失不应忽略。气体辅助激光加工薄木的过程中,受激光输出模式的影响,热量沿深度方向呈衰减趋势,切口的半径应沿深度方向减小,气体与激光束同轴喷射于木材表面,受气体射流作用的影响,有效抑制加工表面沿半径方向的燃烧,形成较大的深宽比。根据不同模型特点的分析,旋转高斯体热源模型考虑了热源在切缝深度方向的分布,模拟的切缝形状与实际的切缝融合线在木材内部较为吻合,烧蚀前沿形成切缝截面的"钉头"部分,因此,本章选用旋转高斯体热源模型对气体辅助激光加工薄木的过程进行温度场仿真分析。

4.3　气体辅助激光加工的
有限元建模

　　激光具有高能量、高精度、易于实现自动化的特点,决定了其将在未来表现出更广泛的应用潜力。激光照射过程中,由于激光参数较多,当参数优化时,试验会过于烦琐,并且在进行产品的设计和加工时,往往会产生一些无法预料的问题,阻碍生产的顺利进行。因此,如果能够采用数值模拟的方法,事先预测出各种参数的加工效果,将会极大地提高加工效率,简化试验进程,这种情况在科学研究中体现得尤为明显。

4.3.1 有限元仿真方法

有限元仿真方法是一种使用有限个离散单元来描述连续系统的分析方法,也是一种对真实物理系统进行模拟,解决数学、物理问题的数值方法。在求解过程中,将连续的系统进行分解,每个子域都成为简单的单元,这种简单的单元就称作有限元。目前存在的数值模拟方法中,有限元仿真方法因其可以将复杂的整体或系统分割为有限个相互连接的简单处理的个体单元,从而处理复杂的加工和结构问题而得到广泛应用。本章采用有限元仿真方法进行激光加工传热仿真的研究。通过建立有限元分析模型,可以预测真实的物理参数,帮助工程师或研究员们提高对物理现象和机理的理解与认识,从而保证加工试验和产品制造的顺利进行。在此基础上,有限元分析软件中内置的优化算法和自动控制的应用,可以解决仅凭直觉进行设计和制造造成的误差问题。表4-1列出了各种数值模拟方法的优缺点。

表 4-1 各种数值模拟方法的优缺点

数值模拟方法	优点	缺点
解析法	简化试验次数	结果与实际值不符
有限差分法	方法灵活,理论体系成熟	不具有普遍适用性
有限体积法	不具有普遍适用性	不具有普遍适用性
有限元法	应用性强,能处理光学、力学、物理等各种复杂问题	对计算机的性能要求高

有限元仿真方法能够很好地将各种现象、复杂的形态在计算机上进行简化模拟,并且模拟结果具有较高的精度,对于大多数工程中遇到的难以得到精确解的实际问题,是一种十分有效的分析方法。目前,大多数的有限元分析软件,包含自动控制与优化算法等功能,并且已将这些功能嵌入数学和数值模型中,在求解过程中,利用优化算法的迭代过程即可得出最优解。所以,有限元仿真软件是研究者通过数值模拟解决实际问题的有效工具。在众多的仿真软件中,比如 ANSYS、ABAQUS、Hyper Mesh、COMSOL Multiphysics、UG 等,在热传导、结构优化、电磁场、流体力学等方面的仿真已被广泛应用。表4-2列出了各种有限元仿真软件的功能和应用范围对比。

表 4-2　各种有限元仿真软件的功能和应用范围对比

有限元模拟软件	功能	适用范围
ANSYS	声场分析、结构分析、压电分析、电磁场分析等	金属加工、结构设计、石油化工、土木工程、汽车运输等
ABAQUS	静应力/位移分析、热传导分析、海洋工程结构分析等	海洋工程、冲压成型、建筑组织、水利、交通等
Hyper Mesh	静力分析、结构优化、热传导分析等	模具设计、航空航天、通信电子等
COMSOL Multiphysics	电磁分析、结构力学分析、传感器（MEMS）分析、传热分析等	金属和非金属加工、航空航天、机械制造、建筑、MEMS 等
UG	机械分析、结构分析、热传导分析等	航空航天、汽车工业、工业设计、土木工程等

4.3.2　COMSOL Multiphysics 多物理场仿真

COMSOL Multiphysics 是一款用于描述多物理场相互作用高度集成的有限元模拟软件,以高效的多场双向耦合分析能力和精确的计算性能被广泛应用于任意多物理场模型的求解。其借助平台的内置公式,通过快速求解得到分析结果以解决工程上的各种实际问题。COMSOL Multiphysics 被广泛地应用于各个领域,对不同的物理过程进行科学研究和工程计算,基于有限元仿真方法,通过求解偏微分方程或偏微分方程组对物理现象进行模拟。COMSOL Multiphysics 提供大量的预定义物理接口,涵盖了流体分析、力学分析、传热分析、电分析、化学工程分析等各种工程领域,根据实际加工需要从模型库中选择合适的物理模块或基于偏微分方程建立自定义模块均可完成多物理场的耦合分析,而且可以实现 COMSOL Multiphysics 与 MATLAB 的联合仿真,以及可以使用接口在 Excel 与 COMSOL Multiphysics 之间同步设计加工参数、几何结构和仿真结果,从而使建模工作流程得到极大程度的简化。

COMSOL Multiphysics 中包含多个领域的物理场,用户可以根据自己的需要自由选择、输入偏微分方程并且指定它和其他方程或物理场的关系,耦合任意的物理场。与其他有限元软件相比,它具有灵活、易用等特点,并且可以利用自己的多元化功能满足各种仿真需求。其显著特点如下。

（1）支持多物理场的直接耦合。

（2）可自由定义专业偏微分方程。

（3）求解参数支持独立参数控制。

（4）内置常见的基础物理模型,减少建模时间。

（5）允许在软件中自行建模,具备主流第三方软件的 CAD 导入接口。

（6）可灵活选择网格剖分类型。

（7）拥有不输专业数据处理软件的后处理功能,支持数据、图片、动画等多种格式的输出与分析。

（8）多国语言操作界面,简化定义、参数设置。

COMSOL Multiphysics 的多物理场耦合方法包含从一开始现象的发生、传递到热力学、流体力学、动力学以及电磁场理论等计算过程,将其视为实现软件基本功能的构成要素。根据具体的仿真目标和需求,其通过对耦合变量进行参数设置求解各个物理场的反演方程和积分方程,精确地反映不同物理效应对预设结果的影响,通过建模仿真更直观有效的优化产品和生产过程。图 4-6 为 COMSOL Multiphysics 的功能及应用。

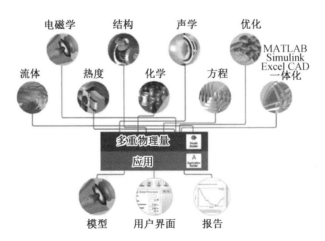

图 4-6 COMSOL Multiphysics 的功能及应用

4.3.3　COMSOL Multiphysics 有限元分析过程

COMSOL Mutiphysics 中提供了大量的案例库,并且提供了灵活的一维到三维的建模与自由的网格剖分功能,还设有多个接口,能够实现与其他软件的实时联动,大大缩短了科研工作者的软件学习时间。使用 COMSOL Mutiphysics 进行仿真时,需遵循以下步骤。

1. 建立几何模型

用户使用 SOLIDWORKS、CAD 等绘图软件建立几何模型后,将模型同步到 COMSOL Mutiphysics 中使用,或者利用软件提供的绘图功能进行一维到三维模型的建立。

2. 定义物理场

利用软件提供的模块实现多物理场的定义与耦合,根据所用的激光类型和材料属性,设置激光功率、波长、光斑直径、扫描速度,以及材料的比热容、泊松比、导热系数、电导率等参数。

3. 材料属性的设置

对不同材料进行仿真时,需要选择所用的材料。COMSOL Multiphysics 中内置了大量工程或科研所需的金属和非金属材料,方便研究者直接取用,这也是本节选择 COMSOL Multiphysics 软件进行仿真的原因之一。当然,有一些实现特定功能的材料,仿真时也可以直接将其泊松比、导热系数、杨氏模量等参数输入软件中来完成材料的设置。

4. 物理场和边界条件的选择

COMSOL Multiphysics 提供传热、流体、结构力学、光学等多物理场进行选择,仿真者可以根据自己的求解需求,直接添加需要用到的物理场。比如,在激光加工仿真中常用的固体传热、变形几何等。仿真过程中,边界条件的定义也是一个关键点。比如,对于瞬态传热问题,需要首先指定当时间 t 为 0 时,温度 T 的初始值;在传热二维轴对称模型中,需要设置 3 种边界条件,即指定的热通量、绝缘/对称、指定的温度等。

5. 网格的剖分

进行有限元仿真时,为了获得更加精确的计算结果,通常需要对仿真对象进行网格划分,它是多物理场仿真中的重要一环,网格的质量直接影响计算结果的精度和收敛性。网格划分的类型主要有两种,即自由网格划分和映射网格划分。其中,自由网格划分没有单元形状的限制,划分的网格也没有固定的形式,适用于复杂形状的面和体。映射网格划分,对面进行划分时,一般设置为三角形、矩形或六边形的形状;对体进行划分时,一般采用四面体或六面体结构。与自由网格划分相比,映射网格仅适用于规则的面和体。除此之外,目前还可以由软件自身,根据模型形状、物理特性和力学特性等进行自适应网格划分。划分过程中,它可以自动调节网格的大小和布局。用户也可以根据自己的需求手动更改网格大小、单元增长率、曲率因子等参数。

6. 求解模型

COMSOL Multiphysics 进行求解时,通常采用直接式求解器或迭代式求解器两种。其中直接式求解器包括 SPOOLS、UMFPACK、Cholesky 等,具有较好的鲁棒性,但占用内存大。它们主要使用一步"求逆"方法进行求解。而迭代式求解器,主要包括 FGMRES、GMRES、BICGStab 以及共轭梯度法 CG 等,它们的特点是占用内存少,但调整比较困难,并且需要预处理器、平滑器等。因此,一般小型的有限元仿真,可以采用直接式求解器,大规模的仿真,则采用迭代式求解器。当然,实际仿真时,也可以由输入的模型特点、材料属性等让软件自动选择求解器。

7. 可视化后处理和结果分析

求解后,需要对仿真结果进行分析。根据数据分析需求,进行绘制一维、二维、三维绘图组,并且,还可以通过添加等值线(面)、流线、箭头或者使用 AVI 和 Open GL 等制作动画来提升图形的可视化程度。最后,可将分析数据、绘图、动画、报告等仿真结果导出。

气体辅助激光加工过程是一个复杂的物理化学过程,加工时的温度场取决于激光热源的分布形式、激光与工件的相互作用、材料的热物理性能、材料与周围介质的换热等。对激光加工进行数值模拟,研究其温度场分布和变化规律,对于分析气体辅助激光加工的本质,确定加工工艺参数、提高切割质量等具有重要意义。研究多孔木质材料在激光热源作用下的烧蚀及传热性能之前,需要考虑到构建模型的使用范围。构建模型在有固体传热、温度梯度、强气流等多物理场耦合条件下,依然能够继续补充扩展对问题进行深入研究所需的边界条件。目前,与多孔木质材料相关的传热性能问题,数值模拟难度较大,因为这些问题本身具有较强的非线性,而且相关的数学理论不够完善,众多学者也都还在积极探索当中。图4-7为激光加工温度场仿真流程图。

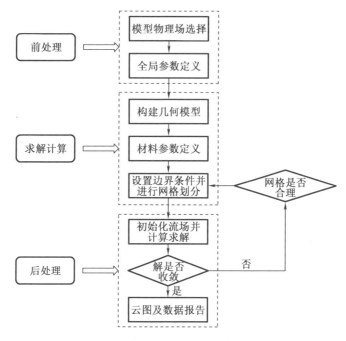

图 4-7　激光加工温度场仿真流程图

4.4　本　章　小　结

本章对比分析了有限元仿真技术的优越性,根据气体辅助激光加工木材过程中的激光加工特性以及热量传递过程,利用 COMSOL Multiphysics 对激光切割过程的温度场进行仿真分析,研究气体辅助激光加工过程中木材表面烧蚀区域温度场的分布与变化规律。本章获得的主要结论如下。

(1)基于有限元数值模拟的基本理论,对能量守恒控制方程、边界条件理论和数学模型以及温度场数值计算方法进行了分析和推导,为气体辅助激光加工木材过程的温度场仿真分析奠定了理论基础。

(2)建立能够反映气体辅助激光加工薄木的三维有限元模型,通过对热源模型的理论分析,综合考虑轴向与径向热量传递的影响过程,选用旋转高斯体热源模型对气体辅助激光加工薄木的过程进行温度场仿真分析。

第 5 章 气体辅助激光加工薄木的温度场仿真分析

激光切割木材是一个在激光热源作用下局部快速加热与冷却的热传导过程,在这个复杂的热过程中,材料在激光能量作用下瞬间可达极高的温度,工件内的温度分布会随时间与空间发生剧烈的变化,而木材切缝的几何形状以及周围组织结构都直接与温度分布紧密相关。本章利用有限元分析方法,对气体辅助激光作用下薄木内部温度场变化的宏观行为进行解释,建立能够反映激光能量、辅助气体和加工木材之间热量传递的基本模型,深入研究激光热传导对薄木的烧蚀作用导致温度场分布梯度的变化规律,探讨工艺参数对气体辅助激光加工薄木过程中温度梯度分布以及加工区域烧蚀损伤的影响,并通过实验验证理论模型的正确性。

5.1 气体辅助激光加工薄木的几何模型建立

在气体辅助激光加工薄木过程中,模型建立要综合考虑气体的射流作用与激光能量的传热作用相互耦合对切缝形成的影响,建立木材的三维瞬态传热模型进行材料去除过程研究,分析不同工况环境下气体辅助激光加工时的温度场和切缝的表面形貌。基于 COMSOL Multiphysics 软件,选择传热模块分支下面的多孔介质传热模块,同时添加流体流动模块和化学物质传递模块,并建立 20 mm×5 mm×2.5 mm(长×宽×高)的长方体,模型不动,激光热源沿 x 轴移动。气体辅助激光加工薄木的有限元模型如图 5-1 所示。

气体辅助激光加工薄木过程中,由于多相流之间的相互作用导致求解难度加大,为确保有限元仿真具有收敛性的数值解,在不影响仿真结果准确性的条件下做出如下假设。

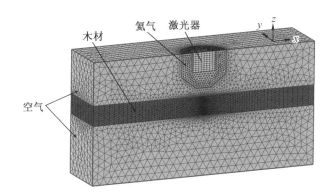

图 5-1　气体辅助激光加工薄木的有限元模型

（1）木材内部为各向同性的匀质材料，热量在各个方向上传递相同。

（2）由于木材属于非金属材料，内部用于热量传递的自由电子较少，主要通过晶格振动来完成，温度变化对热导率影响较小，因此忽略木材导热系数随温度的变化，并假设木材对激光吸收率保持恒定。

（3）假设激光加工过程中气体的物理特性参数为常数。

（4）忽略加工过程中产生的蒸汽对激光能量密度分布的影响。

有限元分析的基础是对实体模型进行网格划分的过程，通过单元类型、中间节点、单元形状大小等因素，调控模型有限元结果的准确性。COMSOL Multiphysics 作为一个多物理场耦合的数值仿真工具，通过网格的离散化，将计算的几何连续区域剖分为有限个小单元，并计算有限个单元上的方程。网格划分是否合理直接影响数值迭代计算的精度和收敛速度，一般而言，网格划分得越精细，计算结果的准确性越高，但与之对应的计算时间越长，如果网格划分较为疏松，在一定程度上可以节约迭代计算时间，但计算结果的精确性会下降。因此网格划分过程中计算精度要求、计算时间要求等也是综合考虑的指标。

在气体辅助激光加工薄木的数值模拟过程中，温度场重点研究范围是激光热源作用区域，激光切割过程是一个加热极不均匀的过程，切缝中心处的能量较为集中，温度梯度相对较大，激光未作用区域则对模拟结果影响不大。因此，考虑数值模拟结果的精度和计算时间，在进行划分网格时，须做如下考虑。

（1）气体从喷嘴喷出到木材表面并进入切缝内的过程是气体辅助激光加工过程中温度场分布研究的重点区域，因此为提高计算精度，喷嘴内的气流区域应进行网格细化。

（2）为了提高计算精度以及收敛性,激光光斑直径范围内所对应的木材加工区域,网格采用更为精密的极细化网格进行划分,其余局部单元采用相对稀疏的较细化网格进行划分,以减少计算次数。

（3）喷嘴内部的激光器与加工区域外部空气不是模型研究的重点区域,因此,激光器及空气部分采用较稀疏的网格。

5.2 气体辅助激光加工薄木的仿真结果分析

5.2.1 激光热源模型分析与验证

气体辅助激光加工薄木过程中,通过对温度场分布以及切缝形貌进行模拟,确定辅助气体类型对热源模型以及热输入能量的影响。假设激光器喷嘴与木材表面之间的距离 $H=1.0$ mm、气体压力 $P_{gas}=0.1$ MPa、光斑半径 $r_d=250$ μm、激光功率 $P=12$ W 等参数相同情况下,不同工况环境下对气体辅助激光加工薄木进行模拟分析并与实验获得的切缝形貌对比,结果如图 5-2 所示。

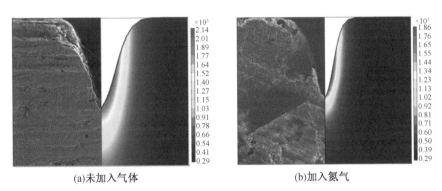

(a)未加入气体　　　　　　　　　(b)加入氮气

图 5-2 不同工况环境下对气体辅助激光加工薄木进行模拟分析并与
实验获得的切缝形貌对比结果

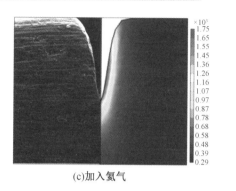 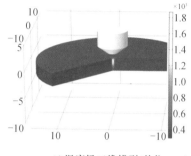

(c)加入氦气　　　　　　　　　　　(d)温度场三维模型(单位:mm)

图 5-2(续)

由图 5-2 可以看出,仿真模拟所获得的切缝截面与试验加工所获得的切缝截面基本吻合,切缝底部及表面过渡区域弧线相似,有效验证了模型的合理性和准确性。通过温度场分布差异可知,使用气体辅助加工产生气流条件下木材表面最高温度明显小于传统激光加工,同时产生的切缝尺寸在切向和径向的范围也明显不同。这是因为传统激光加工木材过程中,当高能量激光束照射在木材表面时,由于木材没有液态相,随着作用时间的增加,当达到一定温度后,部分木材直接气化形成切缝,而未达到气化温度部分由于氧气的存在则经历燃烧过程,燃烧放热产生新的热源项,这是导致温度升高的主要能量输入源,因此,温度场分布的峰值较高。辅助气体的加入会产生一定的气流场,当氮气辅助激光加工木材时,压缩后的液态氮气喷射到木材表面过程中需要吸收大量的热量,由此导致切缝表面温度明显减小。虽然氮气属于不助燃气体,但是在高温催化作用下会与空气中的氧气发生化学反应,这是一个复杂的吸热-放热过程,受到气体流场的冲击作用,切缝向纵深方向延伸,导致切缝深度明显变大。当氦气辅助激光加工木材时,由于氦气是一种极不活泼的惰性气体,化学性质稳定,在高温条件下不发生氧化燃烧反应而无能量继续传输,因此,激光作用区域木材切缝表面的最高温度及热影响区较小。同时,气流流经加工区域时会通过对流换热带走部分热量,在气流压力的作用下,热量主要由木材切割前沿向内部传递,而表面扩散区域较小,切缝附近的热流被气体射流带向外边界,当气流速度足够大时,高速气流可能冲刷走部分被烧蚀状态的木材,从而使木材在激光加热过程中产生的温度分布发生较大变化。基于以上分析结果,继续深入研究激光与气体射流作用下的烧蚀损伤特性,对深入揭示木材激光辐照损伤机理及指导木材激光加工应用等具有一定的理论和现实意义。

5.2.2 气体辅助激光加工薄木对烧蚀损伤的影响

木材烧蚀过程需要高能激光束提供足够的能量,切缝的形成是一个化学变化过程,单位体积的变化会引起热量释放并导致木材烧蚀过程中发生损伤。阿伦尼乌斯方程是评估化学反应中激活能、温度、化学反应速率之间关系的方程式,其表达式如下:

$$\frac{\partial \alpha_s}{\partial t} = (1 - \alpha_s)^n A e^{\frac{-\Delta E}{R_g T_k}} \tag{5-1}$$

式中　α_s——损伤程度;

　　　　A——频率因子,1/s;

　　　　R_g——气体状态量常数,取值8.31;

　　　　ΔE——激活能,kJ/mol;

　　　　T_k——绝对温度,K。

由于损伤的过程具有不可逆性,当激光对薄木进行烧蚀的过程中,损伤程度 α_s 的取值范围是[0,1],其中0代表没有被损伤,1代表已经达到极限不能继续破坏。如果 $\alpha_s = 1$,则 $1 - \alpha_s = 0$,此时损伤范围达到最大,将不再随温度的增长而发生变化,如果 $0 < \alpha_s < 1$,则随着作用时间或温度的增加可以继续被损伤。由式(5-1)可知,损伤的速度与温度有关,低温时不容易被损伤,只有当达到温度阈值时才会有损伤现象产生,而且越烧越快,此时,通过调节 ΔE 获得临界的温度转变点,而损伤对时间的变化量决定了由于损伤而释放多少能量。

图5-3和图5-4为在气体辅助激光加工薄木烧蚀过程中产生的损伤体积和炭黑体积的对比。高能量激光束照射木材表面导致木材气化而形成切口,同时由于热传导作用使得未达到沸点的区域与空气接触发生燃烧反应,切缝表面热量沿轴向和径向延伸导致切口尺寸增大,最终所形成的切口大小即为激光加工木材所形成的烧蚀损伤体积,木材烧蚀过程中在切缝表面形成的碳化层即为残余炭黑体积。由图5-3、图5-4可以看出,传统激光加工时激光烧蚀损伤体积最大,这是因为薄木在激光烧蚀过程中与空气发生氧化燃烧反应,导致切口尺寸增大,木材损伤体积随之增大。同时与其对应的表面残余炭黑体积最大,这是因为木材燃烧过程中产生的热量传递导致热影响区扩大,大量的碳化物附着于切缝表面,残余炭黑体积较大。氮气作为惰性气体由激光同轴喷嘴喷射于木材表面,由于氮气的物理特性使其在高温状态下也很难与空气发生反应。木材烧蚀主要以气化为主,激光加工完毕后没有燃烧反应发生,因此木材损伤体积最小。同时由于气流的冷却吹扫作用,

使得切缝表面的温度降低,减小热影响区的扩大,残余炭黑体积减小。氮气辅助激光加工过程中,氮气在高温加热条件下与空气中的氧气发生较为复杂的化学变化,同时氮气的淬熄能力相对于氩气较差,不能快速减缓反应速率,因此导致木材烧蚀过程中损伤体积较氩气稍大,与之对应的残余炭黑体积相应增大。

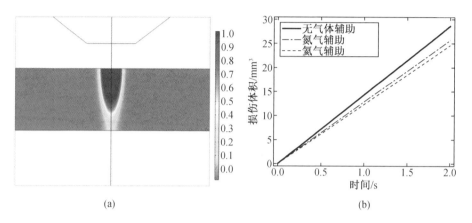

图 5-3 在气体辅助激光加工薄木烧蚀过程中产生的损伤体积

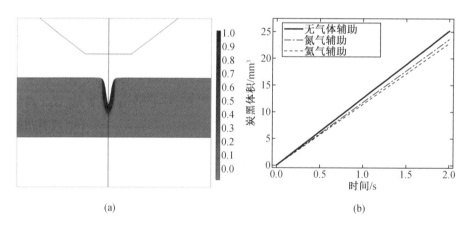

图 5-4 在气体辅助激光加工薄木烧蚀过程中产生的炭黑体积

通过以上对比分析可知,不同气体在激光加工薄木过程中导致的烧蚀损伤体积以及温度场分布差异的根本原因与气体的物理属性有关。氮气虽然是不活泼气体,但是在高温催化下会与氧气发生反应,不具有阻燃的作用,在激光切割薄木的过程中主要是通过气流的冷却作用降低切缝表面温度,从而达到对木材烧蚀损伤和切缝尺寸的影响。氩气作为一种不易发生化学反应的惰性气体,主要通过断氧阻燃作用从根本上阻止热量的释放,可以有效降低被加工木材表面温度场及烧蚀损伤的现象。因此,后续将针对氮气在不同参数变化时对温度场及损伤变化的影响展开研究。

5.2.3 气体辅助激光加工薄木的烧蚀演化过程

在气体辅助激光加工薄木过程中,随着时间的推移,温度场的动态变化过程如图 5-5 所示。通过分析激光器喷嘴与木材表面之间的距离 $H = 1.0$ mm、气体压力 $P_{gas} = 0.1$ MPa、光斑半径 $r_d = 250$ μm、激光功率 $P = 12$ W 时,不同加工时间下木材表面烧蚀区域温度场的变化云图(图 5-5)可知,在切割加工的初始阶段,当切割时间为 $t = 0.02$ s 时,激光能量只作用在木材待加工位置的表面附近区域,较短的作用时间是激光能量逐渐累积的过程。随着激光能量作用时间的增加,当切割时间 $t = 0.36$ s 时,由于作用温度达到木材燃点,通过激光烧蚀逐渐形成切口初始形貌,此时,光斑照射区域是热源载荷分布的中心,即温度最高的区域,并通过热传导、对流换热等方式将热量向周围区域进行扩散。当切割时间 $t = 1.12$ s 时,木材表面烧蚀区域的范围持续扩大,在气流冲击作用下热能边界向下快速延伸,并通过热传导将热量传递给材料,木材中达到气化分解温度的面积显著增大,激光热能继续向周围扩散,木材在高密度激光能量的作用下急速烧蚀甚至气化,同时热量沿切割深度方向迅速增加。当切割时间 $t = 1.88$ s 时,由于惰性气体的断氧阻燃作用,减少由于燃烧反应而产生的热能增量,温度分布范围增加缓慢直至进入准稳态,切缝加工完毕,此时,温度分布主要沿切缝宽度方向进行扩散,深度方向变化不大,直到系统温度与环境室温相同,切缝尺寸达到最大。

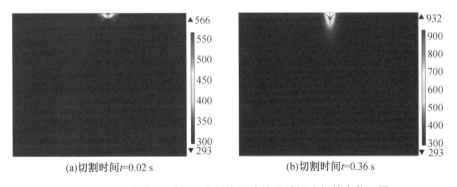

(a)切割时间$t = 0.02$ s (b)切割时间$t = 0.36$ s

图5-5 不同加工时间下木材表面烧蚀区域温度场的变化云图

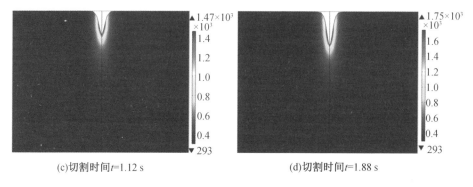

(c)切割时间t=1.12 s　　　　　　　　(d)切割时间t=1.88 s

图5-5(续)

　　由此可见,在激光能量与气体射流的共同作用下,木材表面温度随着作用时间的不断增加迅速升高。加工初期,热量主要沿切缝宽度方向进行扩散,并在自由表面形成较大的温度梯度。当切缝基本形成后热量主要沿深度方向进行发散,表面凹陷不断地加深,这是因为气体射流的抑制作用阻碍了燃烧反应的发生,同时在气流的压力作用下,使更多的热量沿切割方向向下传递。当切割完成时,基于热传导机制,热通量由高温向低温传递,此时,热量在切缝内进行横向发散,最终整个系统内温度达到平衡,气体辅助激光加工薄木的仿真过程与实际加工情况基本相符。

5.3　工艺参数对薄木烧蚀影响的模拟分析

5.3.1　光斑半径对气体辅助激光加工薄木的烧蚀损伤影响

　　在气体辅助激光加工薄木过程中,由激光发生器照射的激光热源呈高斯分布,其光斑尺寸代表激光输出能量的直接照射范围。随着光斑半径的增加,最高点温度反而减小。这是因为呈高斯模式分布的光束作用热量主要集中在光斑中心处,温度最大值往往会达到或超过材料的气化温度,并随着光斑中心距离的增大温度急剧下降,当光斑半径增大时,激光束比较分散,能量密度减小,所以最高点温度降低。为研究不同激光光斑半径对所加工木材烧蚀的影响,选取激光器喷嘴与木材

表面之间的距离 $H=1.0$ mm、气体压力 $P_{gas}=0.1$ MPa、激光功率 $P=12$ W、对应不同光斑半径(50 μm、100 μm、150 μm、200 μm、250 μm、300 μm)时模拟气体辅助激光加工薄木温度场的变化规律。

图 5-6 为在气体辅助激光加工薄木过程中温度场在不同光斑半径时随时间的变化规律。由图 5-6 可以看出，光斑半径对木材的温度场分布具有显著影响，对于任意光斑半径，温度增长曲线总是呈现先增加后饱和的趋势。这是因为激光加工是一个能量累积的过程，在激光加工木材过程中，随着时间的推移木材吸收的能量不断增加，温度迅速上升，当木材在高温照射下完成气化烧蚀反应时，切口处的材料被去除后达到烧蚀损伤的最大值，没有多余的材料用于热量传导，此时温度场处于稳定状态。对纵向某一时间点进行评估，当 $t=1$ s 时，相同照射时间内，随着光斑半径的增大，最高温度呈减小的趋势。这是因为总功率一定，光斑半径越大，辐照面积也越大，所形成的激光能量流即表面功率密度就会越小，因此木材表面单位面积上吸收的热量也越小，温度数值随之降低。相邻曲线的间隔并不是等间距的，这是因为激光照射的面积正比于 πr^2，因此在薄木切割过程中温度场分布随光斑半径的增加呈指数倍衰减。

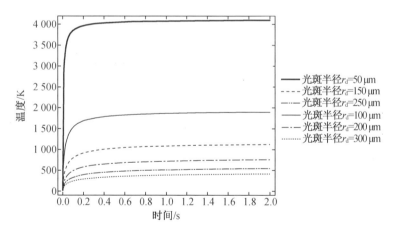

图 5-6　在气体辅助激光加工薄木过程中温度场
在不同光斑半径时随时间的变化规律

图 5-7 为激光器喷嘴与木材表面之间的距离 $H=1.0$ mm、气体压力 $P_{gas}=0.1$ MPa、激光功率 $P=12$ W、对应不同光斑半径(50 μm、100 μm、150 μm、200 μm、250 μm、300 μm)时，在气体辅助激光加工薄木过程中烧蚀损伤体积随时间的变化

规律。由图 5-7 可以看出,在气体辅助激光加工过程中,木材烧蚀损伤体积在不同光斑半径下随时间变化呈射线状。对任意光斑半径进行横向对比,当 $t=0.2$ s 时,同一光斑半径下产生的损伤体积增加量远小于 $t=2$ s 时损伤体积的增加量,这是因为激光对木材表面烧蚀作用的时间越长,总能量积累越多,产生的烧蚀损伤体积差异就越大。对纵向某一时间点进行评估,当作用时间 $t=2$ s 时,不同光斑半径对应的烧蚀损伤体积见表 5-1。当 $r_d=50$ μm 时损伤体积大约为 24.914 mm^3,$r_d=150$ μm 时损伤体积大约为 25.17 mm^3,而 $r_d=300$ μm 时损伤体积大约为 24.958 mm^3。由此可知,不同光斑半径下木材的损伤体积呈现不规律变化。这种现象的发生是因为木材损伤体积与阈值温度有关,只要高于阈值温度就会发生损伤,因此,当光斑半径为 50~100 μm 时,由于光斑半径较小,热源相当于集中作用于某一点照射到木材表面,有限的作用面积使得热量不能在径向有效传递而造成较大的损伤跨度。随着光斑半径的增大,激光照射的有效面积也增大,此时的损伤跨度不明显。当木材表面温度与光斑照射面积达到合适的比例关系时,薄木烧蚀损伤体积将达到最大。

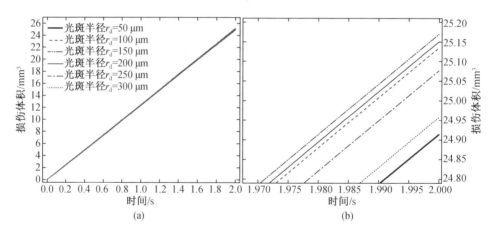

图 5-7   激光器喷嘴与木材表面之间的距离 $H=1.0$ mm、气体压力 $P_{gas}=0.1$ MPa、激光功率 $P=12$ W、对应不同光斑半径(50 μm、100 μm、150 μm、200 μm、250 μm、300 μm)时,在气体辅助激光加工薄木过程中烧蚀损伤体积随时间的变化规律

表 5-1   不同光斑半径对应的烧蚀损伤体积

光斑半径/μm	50	100	150	200	250	300
损伤体积/mm³	24.914	25.135	25.17	25.151	25.077	24.958

图 5-8 为不同光斑半径时薄木切割过程中烧蚀损伤体积变化的三维图。由图 5-8 可知,随着光斑半径的增加,激光辐照面积随之增大,因此木材表面横向损伤范围增大,但纵向传递的热量相对减少,木材烧蚀损伤体积变化不显著。由此可见,光斑半径的增加对切缝宽度具有显著影响。

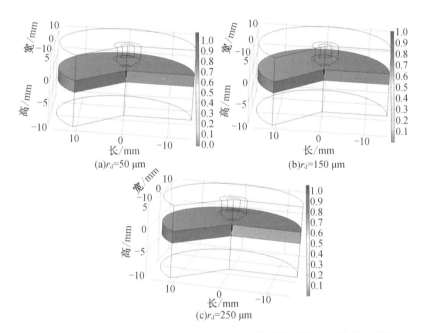

图 5-8   不同光斑半径时薄木切割过程中烧蚀损伤体积变化的三维图

图 5-9 为激光器喷嘴与木材表面之间的距离 $H = 1.0$ mm、气体压力 $P_{gas} = 0.1$ MPa、激光功率 $P = 12$ W、对应不同光斑半径(50 μm、100 μm、150 μm、200 μm、250 μm、300 μm)时,在气体辅助激光加工薄木过程中气化体积随时间的变化规律。由图 5-9 可以看出,烧蚀气化体积在不同功率作用下随时间变化整体呈扇形发散,但是气化过程中存在固相到气相的一个相变,因此,由于相变吸热而引起的非线性变化导致气化体积随时间增长的过程中会有部分交叉区间。对任意光斑半

径进行横向对比,当 $r_d = 200\ \mu m$ 时,激光照射 $t = 2\ s$ 时间内木材烧蚀气化的体积增加量远大于 $t = 0.2\ s$ 时气化体积的增加量,这是因为随着烧蚀时间的累积,作用于木材表面的激光能量越多,产生的气化体积越大。对任意某一时间点进行纵向评估,当作用时间 $t = 1\ s$ 时,$r_d = 50\ \mu m$ 时气化体积大约为 $0.434\ mm^3$,$r_d = 150\ \mu m$ 时气化体积大约为 $0.453\ mm^3$,而 $r_d = 300\ \mu m$ 时气化体积大约为 $0.163\ mm^3$。由此可见,随着光斑半径的增大,气化体积并不呈现规律性变化。这是因为气化的体积与激光辐照木材的表面积以及热传导深度有关。由于激光照射木材的总功率是相同的,当光斑半径增大时,与其对应的作用面积随之增大,同时,由于热量的发散会导致热传导作用深度减小。与之相反,当光斑半径较小时,与其对应的作用面积相对较小,但是由于热量集中导致热传导作用深度增大。由此可见,相同功率的激光能量照射木材时,只有选择合适的光斑半径,才能在切割过程中获得最大的木材气化体积。

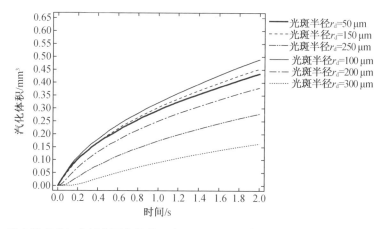

图 5-9 激光器喷嘴与木材表面之间的距离 $H = 1.0\ mm$、气体压力 $P_{gas} = 0.1\ MPa$、激光功率 $P = 12\ W$、对应不同光斑半径($50\ \mu m$、$100\ \mu m$、$150\ \mu m$、$200\ \mu m$、$250\ \mu m$、$300\ \mu m$)时,在气体辅助激光加工薄木过程中气化体积随时间的变化规律

图 5-10 为激光器喷嘴与木材表面之间的距离 $H = 1.0\ mm$、气体压力 $P_{gas} = 0.1\ MPa$、激光功率 $P = 12\ W$、对应不同光斑半径($50\ \mu m$、$100\ \mu m$、$150\ \mu m$、$200\ \mu m$、$250\ \mu m$、$300\ \mu m$)时,在气体辅助激光加工薄木过程中残余炭黑随时间的变化规律。在图 5-10 中,中间白色区域为木材气化后的切缝大小,周围黑色区域为热传导过程中由于烧蚀而产生的碳化区域。可知,随着光斑半径的增大,切缝的宽度随

之增大,切缝深度随之减小,残余炭黑的变化规律与之相对应,但残余炭黑的体积变化不具有一般规律性。

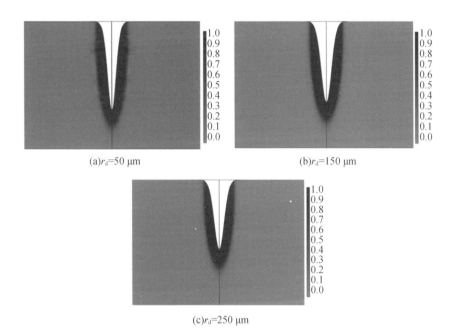

(a)r_d=50 μm　　　　(b)r_d=150 μm

(c)r_d=250 μm

图5-10　激光器喷嘴与木材表面之间的距离 $H = 1.0$ mm、气体压力 $P_{gas} = 0.1$ MPa、激光功率 $P = 12$ W、对应不同光斑半径(50 μm、100 μm、150 μm、200 μm、250 μm、300 μm)时,在气体辅助激光加工薄木过程中残余炭黑随时间的变化规律

5.3.2　激光功率对气体辅助激光加工薄木时温度场的影响

激光功率作为激光加工设备的重要参数,对切缝深度、切缝宽度和切割质量都有很大的影响。激光功率的变化影响热能量密度的大小,从而直接影响温度场的分布。为研究气体辅助下不同激光功率对所加工薄木烧蚀过程中温度场分布变化的影响,选取激光器喷嘴与木材表面之间的距离 $H = 1.0$ mm、气体压力 $P_{gas} = 0.1$ MPa、光斑半径 $r_d = 250$ μm、对应不同激光功率(4 W、6 W、8 W、10 W、12 W、14 W)时模拟气体辅助激光加工薄木过程中温度场的变化规律。

图5-11为木材表面激光作用点中心位置的温度在不同功率作用下随时间的变化规律。由5-11图可以看出,激光功率对木材的温度场分布具有显著的影响。

木材表面激光作用中心点是整个切割区域的最高温度,对于任意功率,温度增长曲线总是呈先增加后饱和的趋势。当激光作用初期,随时间累积激光热量分布比较集中,促使木材吸收的能量不断增加,温度迅速上升。随着作用时间的推移,由于喷嘴喷射的辅助气体而产生对流换热导致一部分热量流出系统。同时,随着温度升高,表面辐射作用越来越明显,使得整个系统由于辐射作用损失一部分能量。当辐射损失的能量和喷嘴喷射的辅助气体导致对流换热损失的能量与激光的总功率相平衡时,整个系统的温度达到稳定状态,不再随时间变化。对纵向某一时间点进行评估,当作用时间 $t = 0.6$ s 时,随着激光功率的增加,温度的增长近似正比例于激光功率增加,即同一时刻曲线间的截距基本相同。这是因为激光能量是烧蚀木材作用过程中热量的主要来源,在相同时段,激光功率越大所产生的热源温度就越高,而切缝温度随着作用于木材表面热量的增加而升高。

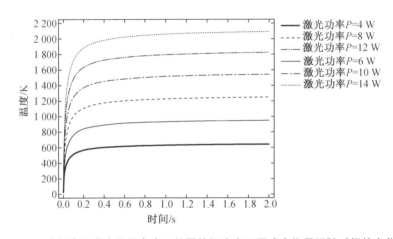

图 5-11 木材表面激光作用点中心位置的温度在不同功率作用下随时间的变化规律

5.3.3 激光功率对在气体辅助激光加工薄木时烧蚀损伤体积的影响

图 5-12 为激光器喷嘴与木材表面之间的距离 $H = 1.0$ mm、气体压力 $P_{gas} = 0.1$ MPa、光斑半径 $r_d = 250$ μm、对应不同激光功率(4 W、6 W、8 W、10 W、12 W、14 W)时,在气体辅助激光加工薄木过程中烧蚀损伤体积随时间的变化规律。由图 5-12 可以看出,烧蚀损伤体积在不同功率作用下随时间变化呈射线状,并且随

着时间的推移越来越发散。当作用时间 $t=0$ 时,由于没有激光能量的照射,此处作为烧蚀损伤的起点并没有发生烧蚀反应,不能有效反映激光功率对木材烧蚀体积的影响。对任意激光功率进行横向对比,当作用时间 $t=0.2$ s 时激光作用下产生的损伤体积增加量远小于 $t=2$ s 时损伤体积的增加量,这是因为烧蚀的时间越长,总能量积累越多,产生的烧蚀体积差异就越大。对某一时间点进行纵向评估,当作用时间 $t=1$ s、$P=4$ W 时损伤体积大约为 11.53 mm³,$P=14$ W 时损伤体积大约为 12.47 mm³,这说明相同时间内随着激光功率的增加,烧蚀体积也随之增加。相邻两条曲线的竖向截距之差基本相同,这说明单位功率增加对损伤体积变化呈线性的影响。

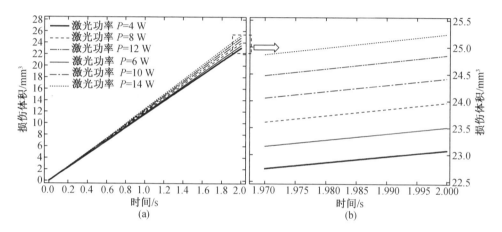

图 5-12　激光器喷嘴与木材表面之间的距离 $H=1.0$ mm、气体压力 $P_{gas}=0.1$ MPa、光斑半径 $r_d=250$ μm、对应不同激光功率(4 W、6 W、8 W、10 W、12 W、14 W)时,在气体辅助激光加工薄木过程中烧蚀损伤体积随时间的变化规律

图 5-13 为不同激光功率时薄木切割过程中烧蚀损伤体积变化的三维图。随着激光功率的增加,木材烧蚀损伤体积变化明显,在气体射流的切向力作用下,使得热量在切缝内部向下传递,并在高速射流的吹扫下由切缝底部逸出。由此可见,激光功率的增加对切缝深度具有显著影响。

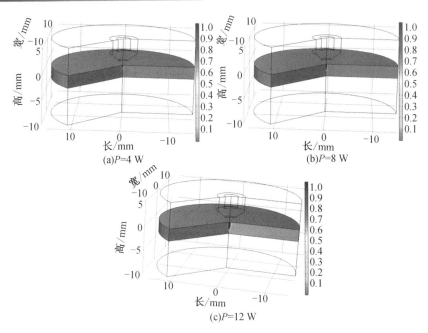

图5-13 不同激光功率时薄木切割过程中烧蚀损伤体积变化的三维图

5.3.4 激光功率对气体辅助激光加工薄木时烧蚀气化体积的影响

气体辅助激光加工薄木的过程中,当高能量的激光束照射木材时,由于激光的热作用而使木材发生烧蚀损伤,其中一部分木材达到沸点迅速气化而变成蒸汽挥发,另一部分木材在热传导的作用下由于热量不足以气化而在木材表面及切缝内形成碳化区域。由此可知,气化是损伤的一个子集,是指木材在激光高温照射蒸发后而形成切缝的体积,所有被烧蚀的部分包括气化及炭黑区域都属于损伤体积。

图5-14为激光器喷嘴与木材表面之间的距离 $H = 1.0$ mm、气体压力 $P_{gas} = 0.1$ MPa、光斑半径 $r_d = 250$ μm、对应不同激光功率(4 W、6 W、8 W、10 W、12 W、14 W)时,在气体辅助激光加工薄木过程中气化体积随时间的变化规律。由图5-14可以看出,气体辅助激光加工过程中,木材的烧蚀气化体积在不同功率作用下随时间变化呈扇形发散。对任意功率进行横向对比,当激光功率 $P = 4$ W 时,激光照射 $t = 2$ s 时间内木材烧蚀气化的体积基本没有改变,这是因为作用于木材表面的能量较低,除去被木材表面吸收的能量外,向切缝内部传导的热能达不到木材的气化温度,因此,木材的气化体积相对较小。当激光功率 $P = 14$ W 时,随着烧蚀

时间的累积木材的气化体积迅速增长,这是因为作用于木材表面的初始能量较高,足以达到木材的气化温度,因此,烧蚀作用时间越长,总能量积累越多,产生的气化体积就越大。对某一时间点进行纵向评估,当作用时间 $t = 1$ s 时,$P = 4$ W 时气化体积大约为 0.03 mm^3,$P = 14$ W 时气化体积大约为 0.37 mm^3,这说明相同作用时间内随着激光功率的增加,气化体积也随之增大。相邻两条曲线的竖向截距之差呈倍数增长,单位功率的增加对气化体积呈线性影响。由此可见,在气体辅助激光加工木材过程中,随着激光功率的增加,作用于木材表面的照射能量逐渐增大,木材烧蚀气化体积变化明显,木材表面及内部达到气化条件的区域增大,因此气化体积随之增大。

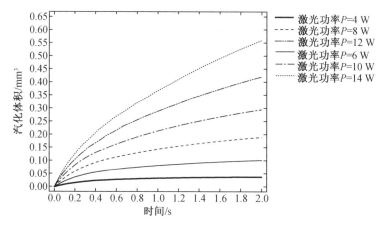

图 5-14　激光器喷嘴与木材表面之间的距离 $H = 1.0$ mm、气体压力 $P_{gas} = 0.1$ MPa、光斑半径 $r_d = 250$ μm、对应不同激光功率(4 W、6 W、8 W、10 W、12 W、14 W)时,在气体辅助激光加工薄木过程中气化体积随时间的变化规律

图 5-15 为激光器喷嘴与木材表面之间的距离 $H = 1.0$ mm、气体压力 $P_{gas} = 0.1$ MPa、光斑半径 $r_d = 250$ μm、对应不同激光功率时,在气体辅助激光加工薄木过程中残余炭黑的变化图。当木材受高能量激光束照射达到沸点直接气化的过程中通过导热机制将热量向周围低温区域传递,传递过程中由于温度下降达不到木材气化条件,而木材的主要组成元素是碳、氢和氧的化合物,因此高温下发生燃烧反应并在切缝周围产生碳化影响区。残余炭黑的体积与气化体积的大小有关,因此,激光功率越大,热作用时间越长,残余炭黑的体积越大。

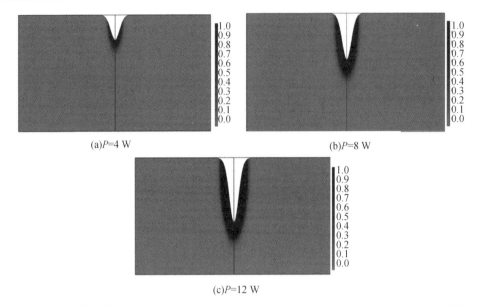

(a)P=4 W　　　　　　　　　　　　　(b)P=8 W

(c)P=12 W

图 5-15　激光器喷嘴与木材表面之间的距离 H = 1.0 mm、气体压力 P_{gas} = 0.1 MPa、光斑半径 r_d = 250 μm、对应不同激光功率时,在气体辅助激光加工薄木过程中残余炭黑的变化图

5.3.5　激光功率对薄木烧蚀气化体积影响的验证

气体辅助激光加工薄木过程中,通过改变不同的工艺参数以获得薄木烧蚀过程的影响规律,通常光斑半径的大小在设备出厂前调试完毕,因此光斑半径大小对温度场分布以及烧蚀损伤的影响只能通过数值仿真进行直观呈现。相比之下,激光功率可以在激光加工过程中进行人为调控,但是由于激光切割木材过程中温度瞬态升高,随着激光束的移动又急剧下降,因此对于温度的测量存在极大误差。木材烧蚀过程中产生的气化体积是指形成的切缝大小,通过测量可以计算出实际体积大小。因此,为了验证仿真结果是否准确,以气化体积为参照标准进行数据拟合。由于切缝基本形状类似于锥形,因此参照锥形体积公式进行测量并计算,如图5-16 所示。

图 5-16 切缝几何参数示意图

图 5-17 为气体辅助激光加工薄木的气化体积实验数据与仿真数据对比,由上节关于激光烧蚀薄木的气化体积的仿真分析结果可知,激光功率对气化体积呈线性影响,因此,当激光器喷嘴与木材表面之间的距离 $H = 1.0$ mm、气体压力 $P_{gas} = 0.1$ MPa、光斑半径 $r_d = 250$ μm 时,通过实验测得的不同激光功率下气化体积值分布于仿真预测值的两侧,将实验数据与仿真数据进行拟合分析,得到均方误差 $R^2 = 0.986\ 0$、均方根误差(RMSE)值为 $0.023\ 3$、误差项自由度为 7,预测值远超检验的临界值,模型调整决定系数是 $0.984\ 0$。由此可见,该模型的拟合度较高,实验的误差较小,可以较好地用于描述气体辅助激光加工薄木过程中相关参数变化对加工质量的影响,仿真模型的数据分析结果具有较高的可靠性。

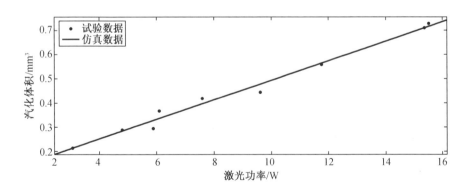

图 5-17 气体辅助激光加工薄木的气化体积实验数据与仿真数据对比

5.4　本　章　小　结

本章基于 COMSOL Multiphysics 有限元分析软件,对气体辅助激光加工薄木过程进行温度场仿真分析,研究气体辅助激光加工过程中薄木表面烧蚀区域温度场分布与变化规律,分析不同气体在加工过程中产生抑制燃烧作用的根本原因,讨论切缝形成过程以及温度场分布的演化规律,分析不同激光功率和光斑半径对薄木表面温度场分布、烧蚀损伤体积与气化体积的影响规律,并得到以下结论。

(1)分别对传统激光加工木材,氦气辅助、氩气辅助激光加工木材的温度场进行数值模拟,通过与实验结果进行模型验证与对比,有效验证了氦气辅助对降低表面温度、减小热影响区具有积极的作用。

(2)通过对气体辅助激光加工薄木过程的仿真分析,可以得出氦气辅助激光加工薄木时所产生的烧蚀损伤体积和表面炭黑体积最小,其次是氩气,这主要与气体动力学性能及物理属性有关,充分证明了氦气在激光切割薄木过程中的断氧阻燃特性对提高木材加工质量具有一定的促进作用。

(3)研究不同激光功率和光斑半径对气体辅助激光加工薄木过程中切缝表面温度场分布、烧蚀损伤体积、气化体积和表面炭黑的影响,获得不同激光加工参数对木材烧蚀的影响规律。通过仿真结果可知,木材温度场分布、损伤体积、气化体积均随激光功率的增加而增加,并呈线性规律增长,激光功率对木材切缝深度具有显著的影响。木材温度场分布随光斑半径的增大而减小,损伤体积、气化体积随光斑半径的增大而呈现不规律变化,这主要是与照射面积和阈值温度有关,同时光斑半径对木材切缝宽度具有显著的影响。

第6章 辅助气体扩散数值的仿真分析

随着工业现代化和计算机技术的高速发展,计算流体力学在诸多应用领域针对流体进行数值模拟和分析,通过求解流动的基本方程模拟不同时刻下物理量在空间内的分布情况。激光加工木材的过程中,高能激光束作为热量的主要来源,在高温作用下使得木材产生严重的烧蚀现象,从而导致加工表面破坏并在切口周围形成碳化层,因此,气体辅助激光加工过程中气体的浓度分布对木材切口处加工质量的优劣具有重要影响。本章将根据所使用的辅助气体类型分析其在激光加工木材过程中的作用规律,探寻气体扩散条件下激光加工木材不发生燃烧反应的等浓度区间。

6.1 气体等浓度分布数值模拟

通过第 5 章对温度场的仿真分析可知,不同气体属性对抑制燃烧反应的作用有所差异。氩气辅助激光加工木材时,利用氩气的惰性属性在加工的激光束外面形成一个氩气的包络层,实现加工过程的断氧无燃烧反应,减小木材燃烧对表面烧蚀和碳化的破坏程度。本节将通过模型求解找到断氧区域并在理论上解释断氧过程,通过传热方程求得木材不产生燃烧的区间,减小因燃烧而产生的碳化物质,为提高加工精度和切割质量提供参考。

6.1.1 气体扩散模型条件假设

物质的燃烧过程需要同时满足 3 个基本要素,即可燃物质、点火源和助燃氧气。激光加工木材过程中,要素———可燃物质,木材作为可燃物质,其加工表面是否燃烧取决于经过木材传导的热量大小;要素二———点火源,激光在加工过程中提供的热量是实现燃烧反应的点火源;要素三———助燃氧气,空气中的氧气作为主要的助燃气体,当木材在激光照射温度达到一定阈值的情况下,周围氧气浓度达到木材燃点时将会发生燃烧反应。在气体辅助激光加工木材的过程中,气体射流由喷嘴喷出后经历降压增速的过程,氩气经过高压释放以一定的初速度在空间内扩散并与空气混合,气体分子之间通过强烈的相互撞击过程而发生物质交换。由于氩气的密度相对较小,分子排布紧密程度高,因此促使其向密度相对较大,分子排布相对稀疏的空气扩散,并导致惰性气体浓度在垂直于喷嘴的平面内降低。根据已有文献可知,木材的碳化点一般为 $200\sim290\ ℃$,燃点温度略高于碳化温度。本书所研究的樱桃木碳化点选取 $280\ ℃$,周围环境中氧气的浓度高于 12.5% 时将会与其发生反应,因此假设当木材表面某一点达到 $280\ ℃$ 时将发生碳化。由此可见,气体辅助激光加工薄木过程中是否发生燃烧反应由气体浓度和加工表面温度共同决定。建立气体扩散的数学模型,对混合段的浓度分布进行分析,求出工况环境下任意一点处的氧气占比显得尤为重要。图 6-1 为气体在空气中的高斯扩散模型。

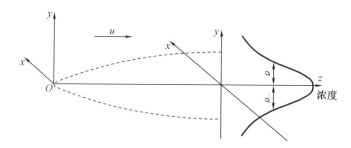

图 6-1　气体在空气中的高斯扩散模型

在气体辅助激光加工薄木过程中,受木材特性、加工工艺参数、加工过程等多种因素的影响,为了更清晰地描述气体扩散以及浓度分布在激光加工木材中的作用影响,模型建立时需要进行如下假设。

(1)忽略木材纹理特性的影响,将木材简化为宏观各向同性的材料,假设每点的热扩散速率保持恒定且相等的变化。

(2)假设气体扩散过程中遵循质量守恒,扩散过程气体浓度在 y、z 方向上服从正态分布。

（3）在气体喷射过程中，假设气体为不可压缩流体，激光能量作用于木材时每一点均视作等温，由于喷射距离较短，不考虑因距离变化而引发的温降。

（4）室内气体流动处于稳定状态，氦气气体浓度不随时间改变。

（5）由于激光源相对于加工距离仅有 1.0 mm，因此忽略蒸汽等离子体和加工木材厚度对激光的阻碍作用。

（6）忽略因加工产生的微小木屑的燃烧作用。

6.1.2 气体扩散模型建立

1. 气体射流方程

在气体辅助激光加工薄木的过程中，气体射流在喷嘴出口处以初始速度 v_0 射出后沿 z 轴正向以恒定速度进行喷射，由于流体微团剧烈地横向脉动，导致周围静止的空气流体通过卷吸现象被射流不断地掺混融合，这个过程中质量和动量交换将产生不同的速度间断面。随着射流不断向前运动，一部分流体动量被传递给带入的空气流体，由此导致射流速度逐渐降低，宽度不断扩大。当射流的全部动量消失在空间流体中时将形成自由混合层。图 6-2 为气体射流结构的速度分布场。

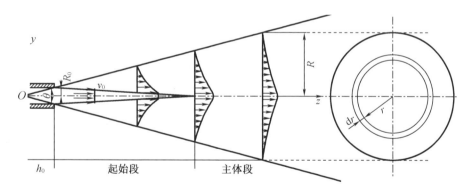

图 6-2　气体射流结构的速度场分布

气体射流与外界流体相互作用过程中，在距喷嘴界面距离较短的范围内，射流中心的气体还没来得及与周围气体发生交互作用，仍保持喷嘴出口的流速，而射流核心以外的区域流速小于 v_0。随着流动中的气体射流不断抽引周围流体，参与动量交换的气体数量不断增加，从而把周围相邻的静止气体代入射流，随同射流一起向前运动，由此导致射流区间的宽度不断扩大，形成一定梯度的速度下降，气流主体速度不断降低。因此,根据动量定理,在射流的任意界面上,沿喷射速度方向的动量保持不变,等于气体射流在喷嘴出口处的动量,由此可得:

$$2\pi\int_0^R \rho \nu^2 r\mathrm{d}r = \rho_0 \pi R_0^2 \nu_0^2 \qquad (6-1)$$

式中　R_0——喷嘴半径,mm;

　　　ρ_0——喷嘴出口的氦气密度,kg/m³。

将式(6-1)两端同除以 $\pi\rho R^2\nu_m^2$,则可改写为

$$2\int_0^1 \left(\frac{\nu}{\nu_m}\right)^2 \frac{r}{R}\mathrm{d}\left(\frac{r}{R}\right) = \left(\frac{\nu_0}{\nu_m}\right)^2 \left(\frac{R_0}{R}\right)^2 \qquad (6-2)$$

式中　ν_m——气体喷射轴心线上的速度,m/s。

由此可得任意截面上的气体流量为

$$q = 2\pi\int_0^R \nu r\mathrm{d}r$$

$$= 2\pi R_0^2 \nu_0 \left(\frac{R}{R_0}\right)^2 \frac{\nu_m}{\nu_0} \int_0^1 \frac{\nu}{\nu_m} \frac{r}{R}\mathrm{d}\left(\frac{r}{R}\right)$$

$$= 2q_0 \left(\frac{R}{R_0}\right)^2 \frac{\nu_m}{\nu_0} \int_0^1 \left[1 - \left(\frac{r}{R}\right)^{\frac{3}{2}}\right]^2 \frac{r}{R}\mathrm{d}\left(\frac{r}{R}\right) \qquad (6-3)$$

式中　q_0——喷嘴中最初喷出的气体流量,等于 $\pi R_0^2\nu_0$,mm³/h。

2. 气体扩散方程

辅助气体与空气混合后的浓度变化是由射流的喷射速度与扩散速度叠加共同决定的,气体的扩散通常采用定常的高斯扩散模型进行描述,点源位于坐标原点,因此其扩散可以看作零高度下的气体扩散。空气中的扩散过程在 y 与 z 两个方向服从二维正态分布,由于两坐标方向彼此独立,因此分布密度为每个坐标方向的一维正态分布密度函数的乘积。在空间连续点源的高斯扩散模式下,气体浓度分布函数是:

$$C(x,y,z) = A(x)\exp\left[-\frac{1}{2}\left(\frac{y^2}{\sigma_y^2} + \frac{z^2}{\sigma_z^2}\right)\right] \qquad (6-4)$$

$$A(x) = \frac{q_\nu}{2\pi\sigma_y\sigma_z} \qquad (6-5)$$

式中　$C(x,y,z)$——空间任一点的气体浓度,mg/m³;

　　　q_ν——单位时间内气体喷射量,m³;

　　　σ_y——y 方向的扩散参数,m;

σ_z——z 方向的扩散参数,m。

由式(6-5)可得坐标范围内每一点的辅助气体浓度,由于 1 m³ 空气质量约为 $V = 1$ 286 g,利用 $\frac{C}{V} \times 100\%$ 即可求得任一点处的氦气占比,再根据空气中的氧气含量占比,则任一点的氧气占比为 $A\% = \left(1 - \frac{C}{V}\right) \times 20\%$,由此可以计算出任意一点的氧气浓度与占比,探究其是否可以达到助燃条件。

3. 激光热源方程

激光是一种电磁辐射波,用于切削加工的激光通常采用基模高斯方式输出,横截面光斑呈圆形,光强分布基本满足高斯分布,激光热源的热流密度通常可以表示为

$$q(r) = \frac{3q_{max}}{\pi w(z)^2} e^{\left(-\frac{3r^2}{w(z)}\right)} \qquad (6-6)$$

式中　$q(r)$——半径 r 处的热流密度,J/(m² · s);

　　　q_{max}——激光束热流密度的最大值,即束腰半径中心处的值,J/(m² · s);

　　　$w(z)$——z 坐标处光束的有效半径,mm。

激光束通过透镜折射后将具有一定的散射性,即瑞利散射。激光束的发散程度对热量传输会产生较大的影响,因此,z 坐标处光束的有效半径表达式为

$$w(z) = w_0 \sqrt{1 + \left(\frac{z - z_0}{z_R}\right)^2} \qquad (6-7)$$

式中　w_0——束腰处半径,mm;

　　　z_0——束腰处纵坐标;

　　　z_R——瑞利常数。

4. 热传导方程

木材放置于空气环境中并利用激光照射时,当表面温度高于木材燃点就会发生烧蚀现象,因此,燃烧区与非燃烧区的分界线应位于木材的加工表面,且垂直于激光中心线,激光加工的木材厚度仅为 2~3 mm,故而忽略因加工而产生的温降。假设木材微元体之间热传导速率大致相同,所以在木材中垂直于激光加工轴线并且与激光束垂直距离相等的任意两点传导的热量一致。同时,激光属于能量集中光束,在激光加工木材过程中,热量传导方式以热传导为主,热对流相对较小,而热辐射的作用忽略不计。因此,沿垂直于激光轴线方向有内热源的导热微分方程为

$$\frac{\partial T}{\partial t}=a\left(\frac{\partial^2 T}{\partial x^2}+\frac{\partial^2 T}{\partial y^2}\right)+\frac{\dot{\varphi}}{\rho C_p} \qquad (6-8)$$

$$a=\frac{\lambda}{\rho C_p} \qquad (6-9)$$

式中　a——热扩散率,m^2/s;

λ——木材导热系数,$W/(m \cdot K)$;

ρ——被加工木材密度,kg/m^3;

$\dot{\varphi}$——单位体积内热源的生成热,J;

t——时间,s;

T——温度,$℃$;

C_p——材料的比热容,$J/(kg \cdot K)$。

激光热量在 xOy 平面上任一位置的传输速率是一致的,因此,在热量扩散方向建立圆柱坐标系,将二维传热问题变为沿半径方向的一维导热问题,木材的导热系数为定值,则导热微分方程为

$$\frac{d}{dr}\left(r\frac{dT}{dr}\right)=0 \qquad (6-10)$$

6.1.3　边界条件设定

假设激光加工薄木时室内初始温度为 18 ℃,激光的热源温度为 1 200 ℃,木材的碳化点取 280 ℃,此时,氮气从喷嘴喷射后将与空气进行混合,当木材加工区域混合气体内氧气含量在 12.5%以上并且表面温度大于 280 ℃时木材就会被碳化,温度低于 280 ℃或者混合气体内氧气含量低于 12.5%时木材不会被碳化。因此,本模型具有的初始条件如下。

当 $t=0$ 时,传热未开始,激光束以外任意点的温度与室温相同,其表达式为

$$t=0,T=const=18 \ ℃ \qquad (6-11)$$

当 $t=0$ 时,传热未开始,此时激光能量尚未传递,所以激光束温度表达式为

$$t=0,T_1=1\ 200 \ ℃ \qquad (6-12)$$

图 6-3 为气体辅助激光加工薄木过程中扩散模型边界条件的描述,增大激光器与木材表面的作用距离以直观表达激光束的作用范围以及扩散气体的覆盖区域。木材是否发生燃烧反应的关键节点取决于空气中的含氧量与作用温度的大

小,当混合气体中氧气浓度高于12.5%时,木材在该浓度范围内就会发生燃烧,混合气体含氧占比可用某一边界线进行描述,在 xOy 平面内,其函数表达式为 $y=f_1(x)$。当温度低于280 ℃时,在含氧量充足的前提下木材却依旧不会碳化,其边界线函数表达式为 $y=f_2(x)$。因此,本模型具有边界条件为

$$A\%=12.5\%, y=f_1(x)$$

$$T=280 \text{ ℃}, y=f_2(x)$$

$$y=f_1(x)f_2(x)$$

$$y=y_\infty, T=const$$

$$h[T_\infty-T(r,t)]=-\lambda \left.\frac{\partial T(r,t)}{\partial r}\right|_{r=r_0} \tag{6-13}$$

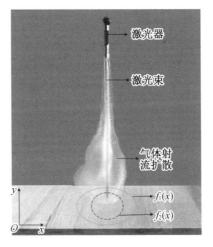

图 6-3 气体辅助激光加工薄木过程中扩散模型边界条件的描述

6.1.4 模型的离散

有限差分法是利用计算机求解偏微分方程的重要方法,将需要求解的复杂微分方程表示为定义在离散格点上的差分方程,由给定的边界条件通过相近格点间的差分关系迭代计算出未知边界上的数值。利用有限差分法求解偏微分方程时,通过有限差分近似公式替代每一处的导数,从而把求解偏微分方程的问题转化为求解代数方程的问题。有限差分法求解微分方程的步骤如下。

（1）区域离散化，按一定的原则把所给偏微分方程的求解区域进行细分，并通过有限格点所构成的网格来表示。

（2）近似替代，将每一个格点的导数通过有限差分公式进行替代，非稳态的物理模型就可以用稳态的数学模型表示。

（3）逼近求解，将偏微分方程的求解过程通过插值多项式及其微分进行代替。

本节采用泰勒级数展开法对微分方程进行离散化差分处理，假定偏微分方程的初值问题的解 $T(y,z,t)$ 是充分光滑的，由 Taylor 级数展开有

$$
\begin{cases}
\dfrac{T(x_j,y_j,t_{n+1})-T(x_j,y_j,t_n)}{\tau}=\left(\dfrac{\partial T}{\partial t}\right)_j^n+o(\tau) \\[2mm]
\dfrac{T(x_j,y_j,t_{n+1})-T(x_j,y_j,t_n)}{2\tau}=\left(\dfrac{\partial T}{\partial t}\right)_j^n+o(\tau^2) \\[2mm]
\dfrac{T(x_{j+1},y_j,t_n)-T(x_j,y_j,t_n)}{h}=\left(\dfrac{\partial T}{\partial x}\right)_j^n+o(h) \\[2mm]
\dfrac{T(x_{j+1},y_j,t_n)-T(x_j,y_j,t_n)}{2h}=\left(\dfrac{\partial T}{\partial x}\right)_j^n+o(h^2) \\[2mm]
\dfrac{T(x_j,y_{j+1},t_n)-T(x_j,y_j,t_n)}{k}=\left(\dfrac{\partial T}{\partial y}\right)_j^n+o(k) \\[2mm]
\dfrac{T(x_j,y_{j+1},t_n)-T(x_j,y_j,t_n)}{2k}=\left(\dfrac{\partial T}{\partial y}\right)_j^n+o(k^2)
\end{cases}
\tag{6-14}
$$

$$
\begin{cases}
\dfrac{T(x_{j+1},y_j,t_n)-2T(x_j,y_j,t_n)+T(x_{j-1},y_j,t_n)}{h^2}=\left(\dfrac{\partial^2 T}{\partial x^2}\right)_j^n+o(h^2) \\[2mm]
\dfrac{T(x_j,y_{j+1},t_n)-2T(x_j,y_j,t_n)+T(x_j,y_{j-1},t_n)}{k^2}=\left(\dfrac{\partial^2 T}{\partial y^2}\right)_j^n+o(k^2) \\[2mm]
\dfrac{T(x_j,y_j,t_{n+1})-2T(x_j,y_j,t_n)+T(x_j,y_j,t_{n-1})}{\tau^2}=\left(\dfrac{\partial^2 T}{\partial t^2}\right)_j^n+o(\tau^2)
\end{cases}
\tag{6-15}
$$

式中 $(\ \cdot\ )_j^n$——括号内的函数在节点处的取值。

利用式（6-14）和式（6-15）中的离散格式，热传导方程式（6-8）和式（6-9）可以改写为

$$
\frac{T_j^{n+1}-T_j^n}{\tau}=a_j\left(\frac{T_{j+1}^n-2T_j^n+T_{j-1}^n}{h^2}+\frac{T_{j+1}^n-2T_j^n+T_{j-1}^n}{k^2}\right)+\frac{\dot{\varphi}_j}{\rho_j c_j}
\tag{6-16}
$$

$$
\frac{T_j^{n+1}-T_j^n}{n}+r_j^n\frac{T_{j+1}^n-2T_j^n+T_{j-1}^n}{n^2}=0
\tag{6-17}
$$

其中，T_j^n 为 $T(y_j, z_j, t_n)$ 的近似值，因此式(6-16)和式(6-17)称作逼近微分方程式 (6-14)和式(6-15)的有限差分方程。假设微分方程的解是光滑解，因此逐层迭代 从 n 到 $n+1$，即可求得微分方程的解。差分方程初始条件的离散形式：

$$T_j^0 = const_j, j = 0, 1, 2 \cdots t_j^0, r_j^0, T_j = 1\ 200\ ℃ \tag{6-18}$$

6.1.5 有限差分法的模型求解

在建立热传导和气体扩散的差分方程时，需要用内结点法对求解区域进行网格划 分，如图6-4所示，节点的温度和气体浓度可以近似地代表整个区域的温度与气体浓 度，这样便于处理不均匀问题，同时将边界条件的数据直接施加在边界点上。

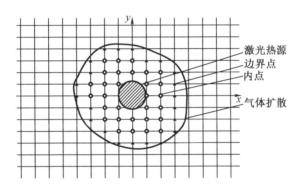

图6-4 模型网格划分

假设在网格中，时间步长为 τ，沿 x 轴方向空间步长为 h，沿 y 轴方向空间步长 为 k，沿半径方向的步长为 n。本模型中采用显式差分格式进行离散，求解第 j 个网 格中的温度与气体浓度，模型中的离散格式为

$$\begin{cases} 射流方程: q_j = 2q_0 \left(\frac{R_j}{R_0}\right)^2 \frac{\nu_{mj}}{\nu_0} \int_{r_j - \frac{n}{2}}^{r_j + \frac{n}{2}} \left[1 - \left(\frac{r_j}{R}\right)^{\frac{3}{2}}\right] \frac{r_j}{R} \mathrm{d}\left(\frac{r}{R}\right) \\[3mm] 扩散方程: C_j^n = \frac{q_j^n}{2\pi\sigma_{yj}^n \sigma_{zj}^n} \exp\left[-\frac{1}{2}\left(\frac{(y_j^n)^2}{(\sigma_{yj}^n)^2} + \frac{(z_j^n)^2}{(\sigma_{zj}^n)^2}\right)\right] \\[3mm] 传热方程: \frac{T_j^{n+1} - T_j^n}{\tau} = a_j\left(\frac{T_{j+1}^n - 2T_j^n + T_{j-1}^n}{h^2} + \frac{T_{j+1}^n - 2T_j^n + T_{j-1}^n}{k^2}\right) + \frac{\dot{\phi}_j}{\rho_j c_j} \\[3mm] 导热方程: \frac{T_j^{n+1} - T_j^n}{n} + r_j^n \frac{T_{j+1}^n - 2T_j^n + T_{j-1}^n}{n^2} = 0 \end{cases} \tag{6-19}$$

$$
\begin{cases}
F_{O\Delta} = \dfrac{\lambda \Delta t}{\rho C_{\mathrm{p}} (\Delta x)^2} \, (\text{网格数}) \\[3mm]
F_{O\Delta} \leqslant \dfrac{1}{2} \, (\text{内结点限制条件}) \\[3mm]
F_{O\Delta} \leqslant \dfrac{1}{2\left(1+\dfrac{h \Delta x}{\lambda}\right)} \, (\text{边界限制条件})
\end{cases}
\tag{6-20}
$$

对于显式差分格式,非稳态传热过程的离散求解需要考虑求解的稳定性条件。上述显式差分式表明,空间节点 i 在时间节点 $n+1$ 时刻的温度受到左右两侧邻点的影响,需要满足稳定性限制条件,否则会出现不合理的振荡解。

6.2   气体扩散模型结果分析

通过以上处理,对非稳态过程进行离散化后,将已知边界条件传递到原目标边界上的数值,利用边界数值求解出方程中各个系数,进而使方程变为具有确定解的求解过程。在有限差分法的思路下,利用 MATLAB 软件,设定喷嘴出口气流速度为 10 m/s,喷嘴距木材表面的高度为 1.0 mm。气体在喷射过程中会因吸收能量而发生气体膨胀,同时氦气的密度小于空气,因此离开喷嘴后氦气会受到浮力作用而产生向上的趋势,进一步导致气体扩散的外径逐渐扩大。氦气由喷嘴喷射后的运动轨迹分布如图 6-5 所示。

图 6-6 为气体扩散等浓度分布图。气体在经过喷嘴射出后,由于其本身的不稳定性会在流动过程中发生扩散现象,随着扩散区间的扩大,氦气的浓度沿 x 方向和 y 方向逐渐降低,进而使得氧气含量逐渐升高。通常情况下,空气中的氧气占比大致在 20% 左右,当空气与氦气混合后,以氧气含量为 12.5% 作为木材燃烧反应发生的临界点,此时空气占比为 5 倍的氧气含量即为 62.5%,则氦气浓度为 37.5%。因此,当氦气从喷嘴喷出与空气混合后,氦气占比高于 37.5% 时,木材将不会发生燃烧反应。由图 6-6(b)可知,其中深色画线处为氦气浓度是 37.5% 的等浓度线。当位于等浓度线内侧时,氧气浓度低于 12.5%,可以实现阻燃作用。

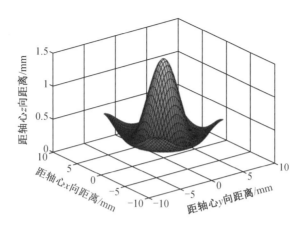

图6-5　氦气由喷嘴喷射后的运动轨迹分布

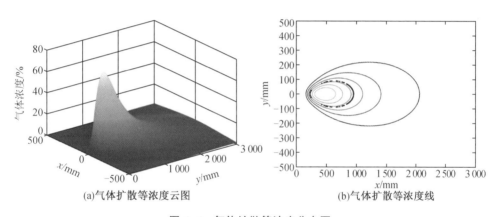

(a)气体扩散等浓度云图　　　　　　(b)气体扩散等浓度线

图6-6　气体扩散等浓度分布图

利用激光传热模型求解木材加工过程中木材表面温度的分布,根据假设条件,激光的加热温度保持恒定,不随加工深度的增大而减小。由于木材属于导热系数较低的不良导体,又属于各向异性多孔介质材料,其结构内部的孔隙率、含水率等各项物理性质具有显著差异。当木材表面温度高于280 ℃时可能发生碳化,但受到木材物理性质的影响,各个方向的热传导效率会有所不同。当某方向含水率较高时,木材传热效率也会升高,此时木材的各项系数对木材表面的温度分布和燃烧具有一定的影响。取加工时间 $t = 2$ s时,得到激光作用下木材表面的温度分布如图6-7所示。

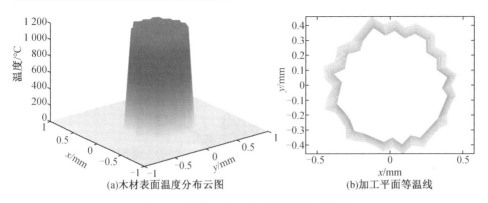

(a)木材表面温度分布云图　　(b)加工平面等温线

图6-7　激光作用下木材表面的温度分布

图6-8为在气体辅助激光加工薄木过程中燃烧区间示意图。在图6-8(a)中标记37.5%为阻燃气体的临界线,临界线内侧的区域记作区域1,此时氦气含量不能实现阻燃效果。选择280 ℃标记出木材表面的等温线,等温线外侧区域记作区域2,此时温度将使木材发生燃烧碳化。当作用范围在区域1和区域2的公共部分时,将同时满足激光热源温度、助燃氧气含量、木材可燃物同时存在,发生燃烧反应并形成燃烧区。

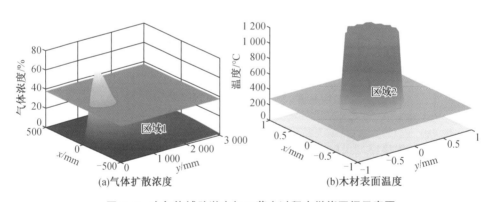

(a)气体扩散浓度　　(b)木材表面温度

图6-8　在气体辅助激光加工薄木过程中燃烧区间示意图

由以上分析可知,在气体辅助激光加工薄木过程中,虽然氦气喷射于木材表面使得氧气的含量降低进而破坏了燃烧条件,但是由于气体分子间的相互作用,高纯氦气与空气逐渐融合的过程中导致氦气扩散空间的含氧量逐渐增加,当超过临界交叉点时木材就会发生燃烧。由于激光光斑半径极小,因此激光切割木材过程中产生的切缝宽度远小于喷射气体所覆盖的作用空间。如果在切缝左右的区间氧气含量达不到燃烧临界值,那么在切削的过程中,即便是高温也不会产生燃烧,木材将不会发生碳化,切缝宽度也会相应减小,加工精度和切割质量都会得到进一步提高。在此过程中对原有设备的改动很小,氮气的喷射量也并不高,因此对于一些高档木材的加工是有一定意义的。

6.3 本章小结

本章利用高斯扩散模型研究激光加工薄木过程中气体扩散的规律,通过有限差分法求解激光照射条件下木材不发生燃烧反应的必要条件以及区间分布,并得到以下结论。

(1)在气体辅助激光加工木材过程中,是否发生燃烧反应,由气体浓度和加工表面温度共同决定。结合空间目标的实际特点,根据物料平衡原理,通过气体射流与周围气体的动量交换过程,完成模型条件的基本设定。

(2)在气体辅助激光加工薄木过程中构建气体扩散模型,求解气体射流作用下木材燃烧的等温度和等浓度作用临界点,当满足任意条件下,即混合气体中氮气浓度高于37.5%或木材表面温度低于280 ℃时,可实现该区域范围内木材不发生燃烧碳化现象。

第7章 气体流场对激光加工薄木影响的仿真分析

激光加工与气体辅助工艺相结合,通过流场与温度场的相互耦合,利用气体动力学特性防止切割过程中由于氧气存在而发生燃烧放热反应,改善由于热影响区扩大而造成加工表面烧蚀损伤严重的现象。在具有一定厚度薄木切割过程中,气流在狭长切缝内的流体动力学特性发生了很大的变化,由于加工过程中流场和传热试验成本较高,且切割段尺寸小,误差大,很难通过试验得出准确的结果,因此,对激光切割产生的切缝内传热和流动特性的建模变得至关重要。本章基于COMSOL Multiphysisc 有限元分析软件,并结合实际加工情况,构建气体辅助激光加工薄木的气流场仿真模型,研究气体射流对切割过程中传热和流动特性的影响,分析气体流场对切割段的对流冷却、清除切缝残渣以及保护切缝表面不发生放热反应的作用过程。

7.1 气体辅助激光加工薄木的流场模型构建

7.1.1 气体射流的控制方程

通过第6章研究辅助气体扩散模型,我们确定了气体喷射对空气中含氧量的改变,进而确定了辅助气体具有阻燃作用的区域空间,解释了在气体辅助激光加工薄木过程中氮气辅助具有断氧阻燃的作用机理,但是对于气体射流在木材表面及切缝内部的作用影响没有进行系统的研究。气体辅助激光加工薄木的加工质量主要受光斑模式、焦点位置、材料特性以及流场结构的影响,其中气体流场在激光切割中起着至关重要的作用。为揭示燃烧反应对流场结构的影响作用,本节将对比分析发生燃烧反应的空气辅助和阻燃效应的氮气辅助在激光加工过程中的气流速度与压力分布等数值结果,研究不同参数对气体流场结构的影响规律。

流体的能量方程是以基本守恒定律为研究基础,能量、动量和质量守恒方程是计算速度分布的必要条件。通过质量守恒定律可知,单位时间内坐标方向上净流出质量等于该时间内净流入质量,其表达式如下:

$$\frac{\partial \rho_h}{\partial t} + \frac{\partial (\rho_h \nu_x)}{\partial x} + \frac{\partial (\rho_h \nu_y)}{\partial y} + \frac{\partial (\rho_h \nu_z)}{\partial z} = 0 \tag{7-1}$$

式中 ρ_h——气体密度,kg/m^3;

   ν_x——速度在 x 方向上的分量,m/s;

   ν_y——速度在 y 方向上的分量,m/s;

   ν_z——速度在 z 方向上的分量,m/s。

动量方程即 Navier-Stokes 方程,其实质为牛顿第二定律,即流体的动量对时间的变化率等于外界作用力之和,其表达式如下:

$$\frac{\partial (\rho_h \nu_x)}{\partial t} + \mathrm{div}(\rho_h \nu_x \overline{\nu}_x) = -\frac{\partial P_L}{\partial x} + \frac{\partial \tau_{xx}}{\partial x} + \frac{\partial \tau_{yx}}{\partial y} + \frac{\partial \tau_{zx}}{\partial z} + F_x \tag{7-2}$$

$$\frac{\partial (\rho_h \nu_y)}{\partial t} + \mathrm{div}(\rho_h \nu_y \overline{\nu}_y) = -\frac{\partial P_L}{\partial y} + \frac{\partial \tau_{xy}}{\partial x} + \frac{\partial \tau_{yy}}{\partial y} + \frac{\partial \tau_{zy}}{\partial z} + F_y \tag{7-3}$$

$$\frac{\partial (\rho_h \nu_z)}{\partial t} + \mathrm{div}(\rho_h \nu_z \overline{\nu}_z) = -\frac{\partial P_L}{\partial z} + \frac{\partial \tau_{xz}}{\partial x} + \frac{\partial \tau_{yz}}{\partial y} + \frac{\partial \tau_{zz}}{\partial z} + F_z \tag{7-4}$$

式中 P_L——流体微元体上的压力,Pa;

   τ_x、τ_y、τ_z——微元体表面黏性应力的分量,N/m^2;

   F_x、F_y、F_z——微元体上的体积力,N/m^3。

能量守恒定律是所有流动系统发生热交换过程必须遵循的基本原则,并可将其描述为物质动能和内能的增加率等于单位时间内表面力与体积力所做的功及外界给予的热量之和,其表达式为

$$\frac{\partial (\rho_h T)}{\partial t} + \frac{\partial (\rho_h \nu_x T)}{\partial x} + \frac{\partial (\rho_h \nu_y T)}{\partial y} + \frac{\partial (\rho_h \nu_z T)}{\partial z} = \frac{\partial}{\partial x}\left(\frac{\delta}{C_{pi}}\frac{\partial T}{\partial x}\right) + \frac{\partial}{\partial y}\left(\frac{\delta}{C_{pi}}\frac{\partial T}{\partial y}\right) + \frac{\partial}{\partial z}\left(\frac{\delta}{C_{pi}}\frac{\partial T}{\partial z}\right) + S_T \tag{7-5}$$

式中 C_{pi}——比热容,J/(kg·K);

T——温度，K；

δ——流体的传热系数，$\mathrm{W}/(\mathrm{m}^2 \cdot \mathrm{k})$；

S_T——热源项。

7.1.2 湍流模型

根据流体质点的运动轨迹稳定性差异可以将流体流动分为层流和湍流两种基本形态，通过雷诺数的临界值可以对两种形态进行量化区分。当雷诺数小于 2 000 时，相邻流体层之间有规则的相对滑动，层间互不相混，质点运动随时间变化形成有规则的光滑曲线。当雷诺数较大时，流体不再保持分层运动，径向脉动增大，质点运动杂乱无章，流线复杂多变并在流场中形成漩涡，形成紊乱、不规则的湍流流场。k-ε 模型是应用最为普遍的湍流模型，标准 k-ε 模型主要应用于雷诺数相对较高、流动过程为完全湍流、计算过程中忽略分子黏性的影响。标准 k-ε 模型的方程为

$$\frac{\partial}{\partial t}(\rho_{\mathrm{h}}k) + \frac{\partial}{\partial x_i}(\rho_{\mathrm{h}}ku_i) = \frac{\partial}{\partial x_j}\left(\Gamma_k \frac{\partial k}{\partial x_j}\right) + G_k + G_{\mathrm{b}} - \rho_{\mathrm{h}}\varepsilon - Y_M + S_k \tag{7-6}$$

$$\frac{\partial}{\partial t}(\rho_{\mathrm{h}}\varepsilon) + \frac{\partial}{\partial x_i}(\rho_{\mathrm{h}}\varepsilon u_i) = \frac{\partial}{\partial x_j}\left(\Gamma_\varepsilon \frac{\partial \varepsilon}{\partial x_j}\right) + C_{1\varepsilon}\frac{\varepsilon}{k}(G_k + C_{3\varepsilon}G_{\mathrm{b}}) - C_{2\varepsilon}\rho_{\mathrm{h}}\frac{\varepsilon^2}{k} + S_\varepsilon \tag{7-7}$$

式中　G_k——平均速度梯度引起的湍流动能产生项，$\mathrm{m}^2/\mathrm{s}^2$；

G_{b}——浮力影响产生的湍流动能项，$\mathrm{m}^2/\mathrm{s}^2$；

Y_M——膨胀耗散项，$\mathrm{m}^2/\mathrm{s}^2$；

Γ_k——k 的扩散率，m^2/h；

Γ_ε——ε 的扩散率 m^2/h；

S_k——自定义的源项；

S_ε——自定义的源项。

k-ε 模型的有效扩散率可表示为

$$\Gamma_k = \mu + \frac{\mu_t}{\sigma_k}$$

$$\Gamma_\omega = \mu + \frac{\mu_t}{\sigma_\omega} \tag{7-8}$$

式中　σ_k——k 的湍流能量普朗特数；

σ_ε——ε 的湍流能量普朗特数。

湍流黏度 μ_t 计算如下：

$$\mu_t = C_\mu \frac{\rho_h k^2}{\varepsilon} \tag{7-9}$$

式中　C_μ——湍流黏度产生低雷诺数修正。

湍流模型中各项可表示为

$$G_k = -\rho_h \overline{u_i' u_j'} \frac{\partial u_j}{\partial x_i} = \mu_t S^2 \tag{7-10}$$

$$G_b = \beta g_i \frac{\mu_t}{P_{ri}} \frac{\partial T}{\partial x_i} \tag{7-11}$$

$$Y_M = 2\rho_h \varepsilon M t^2 \tag{7-12}$$

式中　S——表面张力系数，N/m^2；

P_{ri}——湍流能量的普朗特数，在标准 $k\text{-}\varepsilon$ 模型中为 0.85。

COMSOL Multiphysisc 软件提供了多种黏性模型。由于气体射流由激光器喷嘴喷出后作用于木材表面及切缝内，气流在狭长的切缝中的流动属于低雷诺数流动现象，因此需要通过 RNG $k\text{-}\varepsilon$ 湍流模型针对低雷诺数现象进行修正。RNG $k\text{-}\varepsilon$ 模型的方程为

$$\frac{\partial}{\partial t}(\rho_h k) + \frac{\partial}{\partial x_i}(\rho_h k u_i) = \frac{\partial}{\partial x_j}\left(\alpha_k \mu_{eff} \frac{\partial k}{\partial x_j}\right) + G_k + G_b - \rho_h \varepsilon - Y_M + S_k \tag{7-13}$$

$$\frac{\partial}{\partial t}(\rho_h \varepsilon) + \frac{\partial}{\partial x_i}(\rho_h \varepsilon u_i) = \frac{\partial}{\partial x_j}\left(\alpha_\varepsilon \mu_{eff} \frac{\partial \varepsilon}{\partial x_j}\right) + C_{1\varepsilon}\frac{\varepsilon}{k}(G_k + C_{3\varepsilon} G_b) - C_{2\varepsilon}\rho_h \frac{\varepsilon^2}{k} - R_\varepsilon + S_\varepsilon \tag{7-14}$$

RNG $k\text{-}\varepsilon$ 模型与标准 $k\text{-}\varepsilon$ 模型的主要区别在于添加了附加项 R_ε，恰当地修正了湍流黏度，考虑了旋流或涡流对湍流的影响作用，有效地提高了计算精度。目前，RNG $k\text{-}\varepsilon$ 模型被广泛地应用于轴对称气体射流数值模拟计算。为处理气体辅助激光加工木材过程中的紊流问题，本文选用 RNG $k\text{-}\varepsilon$ 模型进行后续研究。

7.1.3　模型假设与边界条件设定

气体辅助激光加工薄木的仿真计算中需要对许多参数进行预定义，因此用于描述切割过程的仿真模型建立过程较为复杂，通过建模过程中进行适当的条件假设，在

113

保证计算结果可靠性的前提下有效地提高了计算效率。在本节中对模型做如下假设。

(1)由于激光光束对木材可以实现较大厚度的材料切割,因此,由于能量衰减而形成的切缝倾斜角应小于光斑直径与材料厚度的比值,故而为简化结构,假设切缝为竖直状。

(2)激光加工木材的材料去除过程主要靠其热效应,故而忽略木材气化产生的气体对入射激光能量的影响。

(3)木材假设为各向同性的均匀介质。

(4)气体的物理参数可视为常数。

计算求解前,依据实际情况和合理的假设确定边界条件,保证计算结果的收敛性。参照实际过程中激光切割木材所处的环境条件,假定环境温度为293 K,即木材的初始温度为293 K,没有通入辅助气体前木材表面被空气介质包围。喷嘴入口处为压力入口,根据不同工况条件定义入口压力、气体属性相关参数等。由于气流可从木材的上方、木材下方以及切缝处流出,因此全部设置为压力出口。辅助气体与空气迅速融合,此时温度为293 K,出口压力为0 Pa。由于激光热辐射、燃烧放热以及加工热传导等过程主要作用于切割前沿,因此切缝入口处采用耦合的边界条件,喷嘴壁面为无滑移绝热壁面。由于忽略对流换热的影响,其他流固耦合壁面设置为无滑移绝热壁面。

7.1.4 建立气体辅助激光加工薄木流场模型

气体辅助激光加工薄木一般采用同轴喷嘴实现气体射流与激光束同轴喷射,喷嘴的孔壁应光滑以保证气流的顺畅,避免出现紊流而影响切割质量。选用锥形喷嘴用于气体射流模型的研究,喷嘴入口直径为6 mm,出口直径为2 mm,喷嘴高度为6 mm,其中稳定段长度为3 mm。木材单板的长度为15 mm,厚度为2.5 mm,切缝设置为竖直的。模型中的计算区域分为两部分:流体区域和固体区域。褐色部分为固体区域,是木材单板的一个部分;灰色区域为流体区域,在初始化时该区域填充了普通空气;绿色区域为通入的辅助气体,在计算过程中辅助气体将从喷嘴的入口进入。

在激光加工薄木过程中气体射流的作用过程可以通过轴对称撞击射流过程进行描述,由于木材切口的形状尺寸远小于流域截面,不会对射流场中的典型结构与特征波面产生明显影响,在激光快速加工过程中忽略热作用对射流场的影响,并不影响对问题本质的分析。因此,在气体辅助激光加工木材过程中,气体射流和被加工薄木的相互作用可以描述为轴对称的等熵撞击射流过程,而且轴对称条件并没有影响气体射流与切割前端的相互作用。在本节中,假设气体射流的流动和能量的热传导过程是关于 X–Y 平面对称的,为有效简化计算资源并节省分析时间,对模型建立一半即可。图 7–1 为在气体辅助激光加工薄木时气流场有限元模型及网格划分。

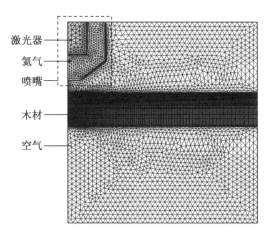

图 7–1 在气体辅助激光加工薄木时气流场有限元模型及网格划分

7.2 气体辅助激光加工薄木的 流场模拟结果分析

7.2.1 不同气体对速度分布的影响

为了验证氦气气流的物理属性对激光加工薄木质量的影响,对比空气辅助激光加工和氦气辅助激光加工情况下有无燃烧反应对速度场分布以及压力分布的影响,通过数值模拟的方法解释氦气辅助激光加工的优越性。图 7–2 和图 7–3 是激光器激光功率 $P = 12$ W、气体压力 $P_{gas} = 0.1$ MPa、喷嘴与木材表面之间的距离 $H = 1.0$ mm 时,不同气体射流作用下沿喷嘴轴线的速度分布云图和等值线图。

由图7-2和图7-3可以看出,辅助气体类型对流场的影响是显著的,从喷嘴喷出的气体射流撞击木材表面,一部分由于木材单板的阻挡而沿木材表面向周围流出,另一部分进入切缝内并得到剧烈的扩张。空气辅助激光加工时气流的流场明显倾斜,在切缝顶部气流的速度场与竖直方向成一定夹角,并且从切缝顶部流入切缝的气体较多,气流较为扩散。氦气辅助激光加工时气流紧贴切割前沿的壁面向下流动,沿喷嘴轴线的核心高速气流区域相对减小。这是因为在高能量激光照射下木材与空气中的氧气发生燃烧放热反应,热源项的增加使得气体向切缝出口处膨胀,高速气流在运动过程中发生倾斜并在切缝底部产生了一个低速区,受壁面滞留作用的影响,更多的气体被带向倾斜处,因此空气辅助激光加工时气体流场发生了较大的变化。

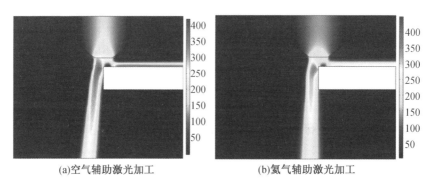

(a)空气辅助激光加工   (b)氦气辅助激光加工

图7-2　激光器激光功率 $P=12$ W、气体压力 $P_{gas}=0.1$ MPa、喷嘴与木材表面之间的距离 $H=1.0$ mm 时,不同气体射流作用下沿喷嘴轴线的速度分布云图

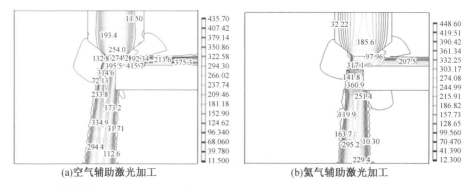

(a)空气辅助激光加工   (b)氦气辅助激光加工

图7-3　激光器激光功率 $P=12$ W、气体压力 $P_{gas}=0.1$ MPa、喷嘴与木材表面之间的距离 $H=1.0$ mm 时,不同气体射流作用下沿喷嘴轴线的速度分布等值线图

图 7-4 为不同气体辅助时沿切缝方向的速度分布对比。氦气辅助激光加工时气流最大速度稍大于空气辅助激光加工,其最大速度为 448.6 m/s,空气辅助激光加工时,最大速度为 435.7 m/s。当气体射流沿着切缝向下流动过程中,两者之间的速度差值从切缝中部开始变大。氦气辅助激光加工时,在切缝底部出口沿喷嘴轴线上的速度仍能保持在 250 m/s 左右,而空气辅助激光加工时,气流在切缝底部的速度仅为 180 m/s 左右。可见,氦气辅助激光加工时,气流的速度下降较慢,这与切缝的堵塞效应有关。由于木材切缝比较狭窄,低密度的氦气在解域中形成了高速场,气体射流在切缝径向的流动较弱于在木材表面的流动。当流体加速向切缝出口流动时,切缝表面剪切层向切缝出口处轻微膨胀,并且在切缝底部速度逐步降低。此时,为了达到质量平衡,周围空气从底部以及侧面补充进来。同时,在切缝的中部以下,由于气流较为垂直,没有大幅度向外侧偏斜,此处气流速度较高,即贴近切割前沿的壁面流速较大,这将对气流的剪切作用产生积极的影响。

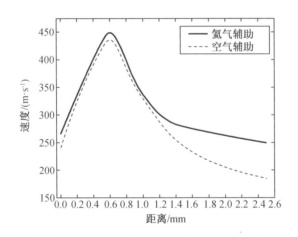

图 7-4　不同气体辅助时沿切缝方向的速度分布对比

7.2.2　不同气体对压力分布的影响

图 7-5 为激光器激光功率 $P = 12$ W、气体压力 $P_{gas} = 0.1$ MPa、喷嘴与木材表面之间的距离 $H = 1.0$ mm 时沿喷嘴轴线的压力分布等值线图。由图 7-5 可以看出,压力在喷嘴内部变化不大,当具有一定压力的气体射流从喷嘴出口喷出时,在切缝入口区域,由于气体的流动膨胀,气流的径向加速度在切缝入口上方形成了径向射

流,流体中的压力会衰减。当气流进入狭窄的切缝中,由于切缝堵塞作用的影响使得气流的扩张受到了抑制,进而导致射流进入切缝后压力上升。随着气流向下运动,压力逐渐衰减趋于平缓并在切缝出口处与外界大气压平衡。

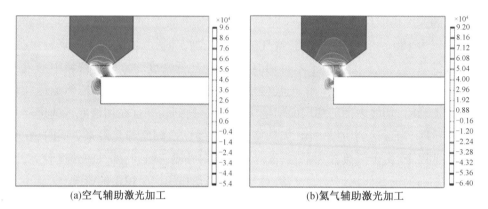

(a)空气辅助激光加工　　　　　　　　(b)氦气辅助激光加工

图 7-5　激光器激光功率 $P = 12$ W、气体压力 $P_{gas} = 0.1$ MPa、喷嘴与木材表面之间的距离 $H = 1.0$ mm 时沿喷嘴轴线的压力分布等值线图

由图 7-6 可以看出,由于木材表面阻挡了气体射流的径向运动,导致切割前沿顶部气流受到强烈的压缩,气压变化较大,等值线较为弯曲。当空气辅助激光加工时,沿喷嘴轴线的最低气压值为 -0.054 MPa,这是因为喷嘴轴线经过的中心低压区域的氧气被吸附到切割前沿附近发生燃烧反应,气压降幅较大。氦气辅助激光加工时,切缝顶部的低压区域较小,在沿着 -Z 方向和贴近切割前沿两个方向发展,核心区域的最低气压值有所下降,相比于空气辅助激光加工,最低气压由 -0.054 MPa 下降至 -0.064 MPa。气压的下降说明气流得到了充分的扩张,这样的气压变化有利于气流的扩充,速度将会随之升高。空气辅助激光加工和氦气辅助激光加工的气压分布变化主要体现在切缝中上部附近,这是因为在切割过程中,氦气辅助激光加工时不会发生燃烧反应,因此壁面对气流的滞留作用减弱,有利于气流的扩张和加速,在整体上使气压下降,高速区域有所减小,并在切缝下部变得缓慢。

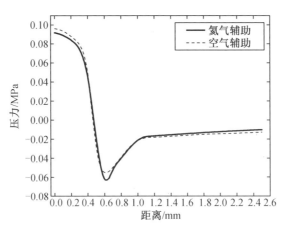

图 7-6 不同气体辅助时沿切缝方向的压力分布

7.2.3 不同气体对剪切力分布的影响

图 7-7 为激光器激光功率 $P=12$ W、气体压力为 $P_{gas}=0.1$ MPa、喷嘴与木材表面之间的距离 $H=1.0$ mm 时沿喷嘴轴线剪切力的分布情况。

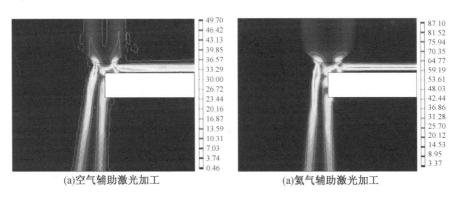

(a)空气辅助激光加工　　　　　　　　(a)氦气辅助激光加工

图 7-7 激光器激光功率 $P=12$ W、气体压力为 $P_{gas}=0.1$ MPa、喷嘴与木材表面之间的距离
$H=1.0$ mm 时沿喷嘴轴线剪切力的分布情况

由图 7-7 可知,剪切力作用的位置由辅助气体压力和速度共同影响,在气体射流速度较高区域对应的剪切力也相对较大。沿切缝深度方向,剪切力先急剧增大,在切缝上部形成了一个高剪切力的区域,此时有利于气体射流将熔融层向下吹动,随着气

流进入切缝内,剪切力随之下降。氦气辅助激光加工时,流场变化较为规则,此时流线整体呈现竖直向下的形态,保证切割前沿附近的气体流动较为规律,能提供足够的剪切力以保证烧蚀后的碳化颗粒被吹走,减少依附在底部的残渣,保证了切割的质量。

7.3 工艺参数对流场结构的影响分析

7.3.1 入口压力对流场分布的影响

图 7-8 为激光器激光功率 $P = 12$ W、喷嘴与木材表面之间的距离 $H = 1.0$ mm、氦气辅助激光加工时不同气压下气体射流的速度分布云图。气体压力依次取 0.1 MPa、0.15 MPa、0.2 MPa、0.3 MPa。由图 7-8 可以看出,当气体射流由同轴激光喷嘴喷出后,有相当一部分气体受到木材的阻碍作用而沿着木材上表面向四周流出,另一部分气体进入切缝内并向下运动,气流速度随着气体的剧烈扩张逐步降低。随着气体压力的增大,通过喷嘴的质量流率也增大,由喷嘴流出更多的气体,由此导致较高压力下最大气流速度和高速区域范围变大。气压为 0.1 MPa 时,最大气流速度为 448.6 m/s,气压为 0.3 MPa 时,最大气流速度为 684.9 m/s,并且最大速度值沿 z 轴向下移动。同时为了达到质量平衡,周围空气会从木材底部以及侧面补充进来。由此可知,切缝底部气体射流的速度衰减随气压增大而加快。

图 7-9 为激光器激光功率 $P = 12$ W、喷嘴与木材表面之间的距离 $H = 1.0$ mm、氦气辅助激光加工时不同入口气压下沿喷嘴轴线的压力分布。气体压力依次取 0.1 MPa、0.15 MPa、0.2 MPa、0.3 MPa。从图 7-9 中可以看出,气体射流经由喷嘴出口段收敛后被加速释放,压力在喷嘴出口段至切缝顶部发生了剧烈的变化,由于此处气流作用强烈而产生较大的压力梯度。因为在喷嘴出口处,喷嘴壁面的约束突然被去除,气流得到扩张导致压力下降,在切缝顶部气流与木材相互作用剧烈,由于阻挡了气流的运动,气流在此处受到强烈压缩,局部区域压力增大,其中一部分气流因为木材的阻挡而沿着木材表面向四周扩散,进入狭长切缝中的气流由于

迅速扩张导致压力减小,受狭长壁面作用使得气流的流动逐渐趋于平缓,压力趋于
稳定。低压区域范围随着入射压力的增大而增大,入口压力为 0.1 MPa 时的最低
压力约-0.064 MPa,入口压力为 0.3 MPa 时的最低压力约-0.094 MPa,并且最低
压力值区域沿 z 轴向下移动。尽管入口处气压值差别较大,但是狭长切缝内边界
层的滞留作用导致气压迅速衰减,在切缝中下部时均恢复至环境大气压附近。数
据结果表明,最低压力值随入口压力增大而降低,这是因为在相同的作用范围内,
气体射流从喷嘴出口到切缝顶部压力变化产生较大的压力梯度,气流的膨胀和压
缩过程较为显著。由此可见,高压、高速的气流容易造成较为复杂的波形结构,导
致切缝内流场恶化,降低了切割质量。

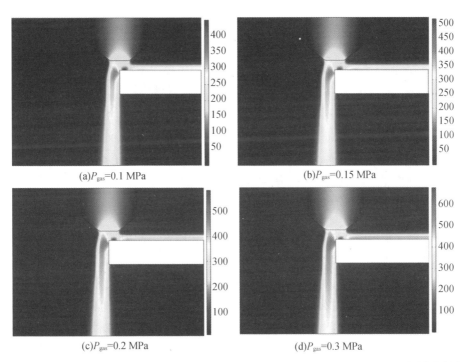

(a)P_{gas}=0.1 MPa (b)P_{gas}=0.15 MPa

(c)P_{gas}=0.2 MPa (d)P_{gas}=0.3 MPa

图 7-8 激光器激光功率 P=12 W、喷嘴与木材表面之间的距离 H=1.0 mm、氦气辅助激光
加工时不同气压下气体射流的速度分布云图

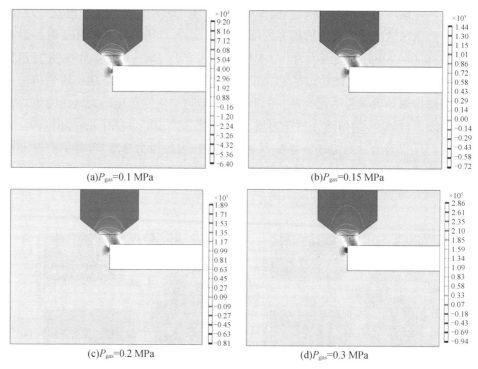

(a)P_{gas}=0.1 MPa (b)P_{gas}=0.15 MPa

(c)P_{gas}=0.2 MPa (d)P_{gas}=0.3 MPa

图7-9　激光器激光功率 P = 12 W、喷嘴与木材表面之间的距离 H = 1.0 mm、氦气辅助激光加工时不同入口气压下沿喷嘴轴线的压力分布

　　图7-10 为激光器激光功率 P = 12 W、喷嘴与木材表面之间的距离 H = 1.0 mm、氦气辅助激光加工时不同入口气压下气体射流的剪切力分布。气体压力依次取 0.1 MPa、0.15 MPa、0.2 MPa、0.3 MPa。由图 7-10 可以看出，不同气压下的并分布状况大致相同，剪切力集中在切割面和切缝壁上表面，并随气体压力的增大而增大，较大的气体射流压力产生较大的气体射流速度；反过来，较大的气体射流速度产生较大的雷诺数，较大的动能促使气体射流被转移到木材切割表面和切缝壁面，进而增加剪应力的大小。由此可见，切割过程中切割质量受到气体射流压力的影响，气压大的时候剪切力也相应增大，高速剪切区域也增大，但切缝中下部的剪切力增大幅度越来越小。

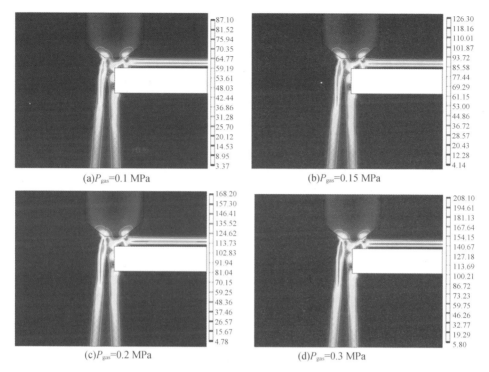

(a)P_{gas}=0.1 MPa   (b)P_{gas}=0.15 MPa

(c)P_{gas}=0.2 MPa   (d)P_{gas}=0.3 MPa

图 7-10 激光器激光功率 P = 12 W、喷嘴与木材表面之间的距离 H = 1.0 mm、氦气辅助激光加工时不同入口气压下气体射流的剪切力分布

综上所述，在气体辅助激光加工薄木过程中，气体压力的选择将直接影响切割表面质量。当气体压力超过一定数值时，喷嘴和木材之间的流场将产生激波，喷嘴入口压力越大产生激波的强度就越大，切割性能稳定性随之变差。由于木材经由激光加工后的主要产物为切缝中的烟雾和燃烧颗粒，黏附性较低，如果气流压力过大，高速的气流扰动会将碳残渣吹离木材基体，导致切缝变大，甚至出现锯齿状的不平整边缘，使表面切割质量下降。由此可见，在气体辅助激光加工薄木过程中，气体压力应该限定在一个有效的范围内，较小的气体压力有利于激光切割薄木的质量改善。

7.3.2 喷嘴与工件距离对流场分布的影响

图 7-11 为激光器激光功率 P = 12 W、气体压力 P_{gas} = 0.1 MPa、氦气辅助激光加工薄木时不同距离下气体射流的速度分布云图。喷嘴与工件之间的距离依次取

1.0 mm、1.2 mm、1.5 mm、2.0 mm。由图 7-11 可以看出,随着喷嘴与工件距离的增大,气流在到达木材表面形成撞击前的距离增大,气流有更多的空间进行膨胀导致气压降低,从木材上部流入切缝的气流也明显增多,但气流的最大速度变化较小。当喷嘴与工件距离为 1.0 mm 时的最大气流速度是 448.6 m/s,当喷嘴与工件距离为 2.0 mm 时的最大气流速度是 423.5 m/s,即喷嘴与工件之间的距离越大进入切缝中气体的速度越小。这是因为气体从喷嘴射出后经过膨胀瞬间达到最大值,距离的增大为气体射流的撞击提供了更大的空间,增加了膨胀波和入射波之间的相互作用,较大的作用距离削弱了气流速度。

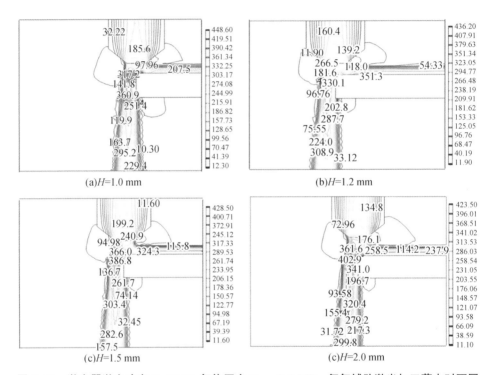

图 7-11 激光器激光功率 $P = 12$ W、气体压力 $P_{gas} = 0.1$ MPa、氦气辅助激光加工薄木时不同距离下气体射流的速度分布云图

图 7-12 为激光器激光功率 $P = 12$ W、气体压力 $P_{gas} = 0.1$ MPa、氦气辅助激光加工薄木时不同距离下气体射流的压力分布等值线图。喷嘴与工件之间的距离依次取 1.0 mm、1.2 mm、1.5 mm、2.0 mm。由图 7-12 可以看出,随着喷嘴与木材表面距离的增加,核心区域的最低压力值变化幅度变小,喷嘴出口至切缝顶部的低压

区域面积不断扩大导致局部压力减小,而切缝内部的压力分布基本没有差别。这是因为气流的撞击作用减弱,气流经过了更多的膨胀,压力梯度减小。由于喷嘴与木材加工距离对气流速度和压力分布的影响较小,为节约激光切割过程中的能量消耗,尽可能保持较小的距离以减少氮气的使用。

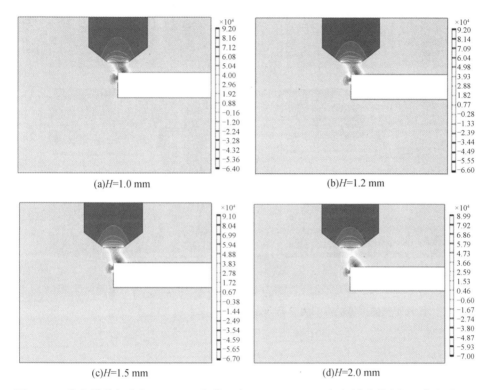

(a)H=1.0 mm (b)H=1.2 mm

(c)H=1.5 mm (d)H=2.0 mm

图 7-12 激光器激光功率 P=12 W、气体压力 P_{gas}=0.1 MPa、氮气辅助激光加工薄木时不同距离下气体射流的压力分布等值线图

图 7-13 为激光器激光功率 P=12 W、气体压力 P_{gas}=0.1 MPa、氮气辅助激光加工薄木时不同距离下气体射流的剪切力分布云图。喷嘴与工件之间的距离依次取 1.0 mm、1.2 mm、1.5 mm、2.0 mm。由图 7-13 可以看出,随着喷嘴与工件距离的增大剪切力逐渐减小,但高速区域的剪切力基本不变。在木材切缝的上部,当喷嘴与工件距离为 1.0 mm 时的剪切力相对最大。由于喷嘴与木材之间的距离影响气流与切缝的耦合,因此,选择喷嘴与工件距离为 1.0 mm 时吹除挂渣的能力更好。

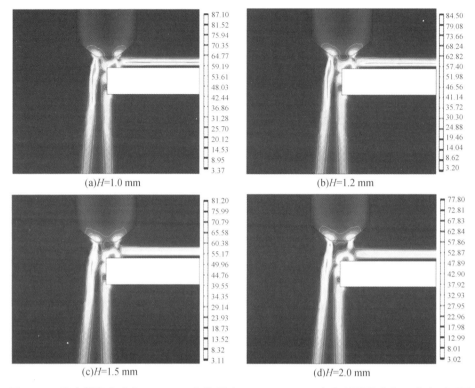

(a)H=1.0 mm

(b)H=1.2 mm

(c)H=1.5 mm

(d)H=2.0 mm

图7-13　激光器激光功率 $P=12$ W、气体压力 $P_{gas}=0.1$ MPa、氦气辅助激光加工薄木时不同距离下气体射流的剪切力分布云图

7.4　本 章 小 结

　　本章利用 COMSOL Multiphysics 仿真软件对气体辅助激光加工过程中气流场的分布特征及作用机理进行模拟计算,阐述了气体射流与木材的相互作用情况,探讨了不同气体辅助、不同气体压力和工件距离等参数的改变对流场结构、压力与速度的影响,并得到以下结论。

　　(1)通过对空气辅助激光加工和氦气辅助激光加工两种工况的对比研究,发现氦气辅助激光加工时气体的流速和压力都有所升高,同时剪切力也随之增大,揭示了燃烧放热反应在激光加工薄木过程中对流场结构的重要影响。

(2)通过设定一系列的气体压力和工件距离的数值,对比分析参数变化对流场结构和各特征向量的影响规律。发现随着入射压力的增大,气体射流的速度和剪切力也随之增大,同时,工件距离对流场结构和各特征量分布的影响不大。由此可见,高压、高速的气流容易造成较为复杂的波形结构,导致切缝内流场恶化,降低了切割质量。因此,针对木材的特殊属性,在气体辅助激光加工过程时应选择较低辅助气体气压。

第8章 气体辅助激光加工的设备设计

　　木材是一种天然的再生材料,也是一种特殊的高分子材料,基于加工精度、表面粗糙度等因素,传统机械刀具对木材的加工具有上限。利用激光加工先进制造技术加工木材具有与材料作用时间短、热影响区小、加工效果好等优点,通过高能量激光聚焦透镜聚焦辐照木材表面,在木材吸收脉冲激光能量产生热烧灼效应的作用下,实现对木材的热分解和碳化。相比于传统刀具切削方式,气体辅助激光加工木材能够提高木质材料加工产品的出材率、减少加工过程中的资源浪费、减缓木材资源的消耗速度、实现木材的高精质量加工、改变木材表面的物理化学特性等方面具有非常重要的现实意义。

8.1　木材特性及微观构造

8.1.1　木材主要化学组成

　　木材是由碳、氢和氧元素组成的一种特殊高分子材料,纤维素、半纤维素和木质素等为其主要化学组分。木质素由芳香族化合物组成,纤维素和半纤维素的主要成分为碳水化合物。木材纤维素结构式如图8-1所示。此外,在木材纤维原料中还可能有少量果胶、蛋白质、无机物等其他成分。但不是所有的木化植物都包含全部的少量组分。虽然这些有机物的结构与性质会有比较大的不同,但是其中元素组成的差别不大,都包括碳、氢、氧、氮等。对木材元素分析的结果表明,不同品种的木材中的碳、氧和氮的平均含量分别为50.0%、42.6%与1.0%。

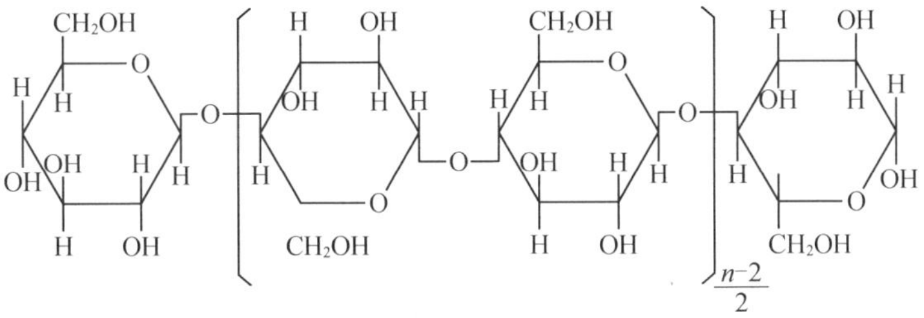

图 8-1 木材纤维素结构式

1. 纤维素

纤维素是由 D-葡萄糖基组成的单聚糖,为高分子线型化合物且不溶于水。纤维素中的 D-葡萄糖基按照纤维素二糖($1,4-\beta$ 苷键)的衔接形式。纤维素具有特性的 X-射线图。天然状态下,木质材料中的纤维素具有约 5 000 nm 长度的分子链,其含有的葡萄糖基约 10 000 个,木材在蒸煮和漂白过程中纤维素会发生降解。

2. 半纤维素

半纤维素为不包括果胶和纤维素的构成植物细胞壁的聚糖,成分也是碳水化合物(按惯例,少量的淀粉和果胶质除外)。半纤维素与纤维素有所差异,其是由两种及两种以上单糖组成的不均一聚糖。组成半纤维结构的单糖主要有:糖醛酸(4-O-甲基葡糖醛酸、D-半乳糖醛酸、D-葡糖醛酸)、己糖(D-葡萄糖、D-甘露糖、D-半乳糖)、戊糖(D-木糖、L-阿拉伯糖、D-阿拉伯糖),另外还有少量的 L-鼠李糖和 L-岩藻糖。这些糖基主要以六元环形式存在。而阿拉伯糖以吡喃式 α-L-阿拉伯糖、呋喃式 α-L 阿拉伯糖、呋喃式-β-D-阿拉伯糖形式存在。

3. 木质素

木质素是具有三度空间结构的天然高分子化合物,是通过醚键和碳-碳键连接构成的苯基丙烷结构单元。植物纤维原料中的木质素中芳香核部分不同,但都具有以苯基丙烷为单元的基本骨架,其中由于-OCH_3 数量的不同,大致可分为紫丁香基丙烷、愈创木基丙烷和对羟苯基丙烷 3 种类型。

木质素存在于木化组织之中,是细胞之间的黏结物质。因此,要分离纤维,就必须溶解木素。所以,木质素是化学制浆中需要除去的组分,在蒸煮和漂白过程中要尽可能在少损失纤维素与半纤维素的情况下除去木素。而在机械法制浆过程中,利用机械磨解作用将纤维分离,木质素几乎不溶解,因此制浆率高。

8.1.2　木材微观结构

自然界中树木种类繁多,分布非常广泛,且数量巨大。在木材的各个生产应用领域,通常将木材按树叶形态分为阔叶材和针叶材。在微观结构上,两者具有明显的区别。阔叶材多取自落叶性的细叶林木,较为常见的代表性树种有核桃木、黄菠萝、杨木、楸木、楠木、水曲柳、荷木、槐木、柚木、花梨、紫檀、柳安、橡木、樱桃木等。阔叶材显微构造特点如下。

(1)组成复杂:主要细胞中木纤维50%,木射线17%,导管分子20%,轴向薄壁细胞13%。

(2)排列不整齐:主要细胞在木材横切面上排列不整齐。

(3)木射线多为两列以上,木射线全由薄壁细胞组成。

(4)轴向薄壁组织发达。

(5)材质不均匀。

针叶材主要由管胞组成,较为常见的有红松、白松、樟子松、云杉、柞木、黄柏等。针叶材显微构造特点如下。

(1)组成简单:主要由管胞组成,管胞占木材总体积的89%~98%,轴向薄壁细胞占0%~4.8%,木射线占1.5%~7%,泌脂细胞占0%~1.5%。

(2)排列整齐:在木材横切面上,主要细胞呈现规整的径向排布。

(3)木射线多为单列分布,一些树种具有射线管胞。

(4)在轴向,薄壁组织较少,仅见于部分树种中。

(5)材质均匀:由于分子组成简单,排列整齐,所以材质比较均匀。

综合针叶材和阔叶材微观结构的特点,对两者进行微观结构对比,如图8-2所示。

随着生活质量的不断提高,人们对木材资源的需求也逐渐增加。为减少木材资源的过度消耗,提高利用率,需要改进木材的加工方法。

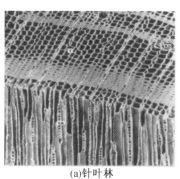 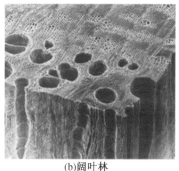

(a)针叶林   (b)阔叶林

图8-2 木材微观构造对比

8.1.3 不同切向的微观组织结构

木材是一种特殊的多孔材料,具有特殊的各向异形。木材作为一种天然的复合材料,在受外力作用时,有着非常复杂的力学特性。木材微观上由许多含有空腔的细胞组成。其中近于沿树生长方向的细胞分布占绝大多数,该方向称为轴向或顺纹方向;而与树干主轴相垂直的方向,包括径向、弦向、半弦向等,统称为横纹方向。选取针叶材的横切面、径切面和弦切面进行观察,如图8-3所示。

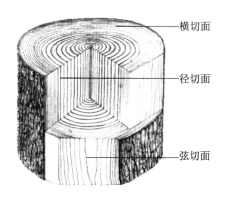

横切面

径切面

弦切面

图8-3 木材的横、径、弦3个切面

横切面是指该方向与树木的生长方向和纹理方向相垂直。在这个切面上,木材细胞间的相互联系都清楚地反映出来,研究人员就是通过这一方向的结构来判断木材种类。径切面是指顺着树干方向,垂直于年轮的切面。通过髓心割锯的切面,叫标准径切面。弦切面是指顺着树干方向、与年轮相切的切面。由于在木材加工时径切面为主要加工平面,所以将其作为重点研究的平面。首先选取径切面进行研究分析,一般径切面加工过程中,有 3 种加工方向,即顺纹加工、横纹加工和斜纹加工,如图 8-4 所示。综合考虑试验数据的准确性,试验过程将选取径切面顺纹加工和横纹加工的方向进行切割试验。

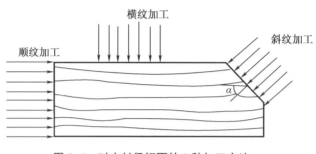

图 8-4　对木材径切面的 3 种加工方法

8.1.4　木材细胞形状的数学描述理论

木材是一种十分复杂的生物体,其宏观构造指用肉眼能够观察到的结构,是木材的表面特征,如树皮、边材、心材、年轮、波痕及材色、气味、结构、纹理、光泽等。木材的微观构造则需用光学显微镜或电子显微镜通过几百倍以上放大后才能观察到的结构,是组成木材的细胞和细胞壁,包括管胞、导管、木薄壁组织、木射线等。木材在宏观上是各向异性材料,木材横断面的力学性能相对其他两个面来讲要重要得多。在木材力学参数的定量化分析中,径向和切向的力学性能参数是近似的,轴向的力学参数数值远远大于其他两个方向的相应数值。因此,借用复合材料力学横观各向同性假设的微观力学理论,就可以建立木材微观细胞木纤维形状的数学模型。如图 8-5 所示,木材横断面的规则细胞结构是由光学显微镜观察到的规则细胞壁组织。规则细胞内部的管胞空腔可以近似为圆形的空腔管,木材横断面主方向上的数学描述应以木材纤维照片的形状结构作为基础,木材横断面上是由纤维素、木质素、糖基化合物、胶脂等组成。在光学显微镜下,细胞壁分为胞间层、初生壁和次生壁。从木材显微照片可以看出,多数木材横断面呈六棱椭圆蜂窝状纤维素和微纤丝基本分布在次生壁之间,即蜂窝边缘胞间层处,糖类和胶脂与木材所含水分均分布在蜂窝中心的圆腔内。

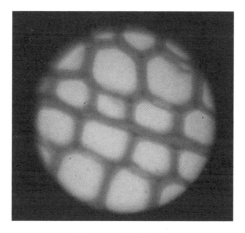

图 8-5   木材细胞

单个细胞的数学模型是整个木材细胞排列的数学模拟与计算机仿真的基础，根据木材光学微观照片的观察，对木材横切面的方向进行测量分析，采取数学建模的方式对细胞结构进行刻画，可以将木材微观结构抽象成图 8-6 的形状。

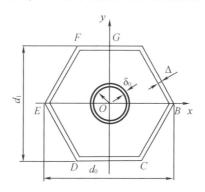

图 8-6   木材规则细胞微观结构图

在宏观上木材是各向异性材料，但如果将整体构建成均匀分布，然后根据单个木细胞的结构，按复合材料力学的划分是可以将其假设成宏观各向同性的材料，这对研究横切面细胞的破坏、细胞的分布有着重要的意义。木材微观木纤维细胞形状的数学模型可表示为

$$\begin{cases} (d_0 - \Delta)^2 \leqslant Ax^2 \pm Bxy + Cy^2 \leqslant Fd_0^2 \\ 4x^2 \leqslant d_0^2 \\ 4y^2 \leqslant kd_1^2 \end{cases} \tag{8-1}$$

$$\begin{cases} (d_0 - \Delta)^2 \leqslant Ax^2 \pm Bxy + Cy^2 \leqslant Fd_0^2 \\ 16x^2 \leqslant d_0 \end{cases} \tag{8-2}$$

$$r^2 \leqslant x^2 + y^2 \leqslant (r + \delta_0)^2 \tag{8-3}$$

式中　d_0——规则细胞横断面椭圆外廓包络圆直径；

d_1——规则细胞横断面外廓宽度；

Δ——规则细胞横断面外壁胞间层和初生壁厚度之和；

x、y——规则细胞横断面坐标变量；

r——规则细胞胞管半径；

δ_0——规则细胞胞管具瘤层厚度；

k——切削规则细胞的比例系数；

A、B、C、F——方程的常系数。

在式(8-1)中,当 $d_1 = d_0$ 时,$A = B = 4$,$C = F = 1$。多数木材细胞形状近似于六棱椭圆,方程式(8-1)表示的是图 8-6 中六棱外形的 8 条斜边包络的区域；在式(8-2)中,方程表示的是图 8-6 中六棱形外形的 4 条直线包络的区域；在式(8-3)中,方程表示的是图 8-6 中圆柱形外形的内外圆包络的区域。将包络区域内的材料定义为木纤维中的微纤丝,六棱形胞壁内和胞管外之间及胞管内包络区域的物质是胶脂、水分、糖类化合物等。有了式(8-1)、式(8-2)、式(8-3)以后,就可以定量计算木纤维和基体的体积比例,分析各自对木材材性和变异规律的影响。木材经过这样的假设和数学模拟后,可以定量分析微纤丝含量的确切百分比、不同胞壁厚度可能对木材性能的影响、细胞椭圆度对细胞性能的影响、不同细胞分布形式可能对木材性能的影响,以及胞腔内胶体、糖类和水分对木材性能的影响,使细胞分析在数学模拟的基础上实现计算机仿真。

8.2 气体辅助激光加工的 系统设计

8.2.1 激光器选择

激光器作为激光加工设备的核心部件,是影响激光加工性能的重要元器件。目前能够广泛用于气体辅助激光加工技术的激光器主要有固态激光器和气体激光器。固态激光器由光泵、工作介质、滤光液、聚光器、冷却水、谐振腔及玻璃套管等构成。固态激光器的工作原理如图8-7所示。当激光物质受到光泵的激发后,吸收具有特定波长的光,在一定条件下可导致工作介质中的亚稳态粒子数大于低能级粒子数,即产生粒子数反转。此时一旦有少量的激发粒子产生受激辐射跃迁,就会造成光放大,再通过谐振腔内的全反射镜和部分反射镜的反馈作用产生震荡,最后由谐振腔的一段输出激光。固态激光器一般采用光激励,能量转化环节多,光激励能量大部分转化为热能,所以效率低。

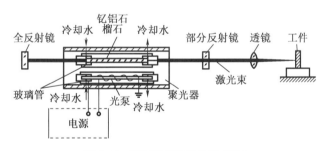

图 8-7 固态激光器的工作原理

气体激光器由放电管内的激活气体、一对反射镜构成的谐振腔和激励源等3个主要部分构成。气体激光器的工作原理如图8-8所示。在适当放电条件下,利用电子碰撞激发和能量转移激发等激发方式,将气体粒子有选择性地被激发到某高能级上,从而形成与某低能级间的粒子数反转,产生受激发生跃迁,进而产生激光。气体激光器一般直接采用电激励,其成本低、效率高、寿命长、连续输出功率大。因此在选择激光器时,不仅需要考虑待加工材料对特定波长的吸收率,还需要考虑激光器的成本和性能。

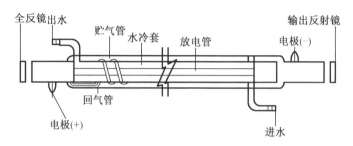

图 8-8 气体激光器的工作原理

木材是否可以使用激光切割,取决于木材是否可以更好地吸收该激光波长。有研究表明,木材中纤维素分子对激光波长为 $8.30 \sim 10.00$ μm 时吸收能力最强,CO_2 激光的波长为 10.6 μm,最接近纤维素分子对波长的吸收范围,从而促进激光加工的进行。CO_2 激光器作为气体激光器的一种,具有较好的方向性、稳定性以及单色性,是一种较为理想的激光器,与相同功率的固态激光器相比,成本低、性能好。综上所述,可选择气体激光器中的 CO_2 激光器。

CO_2 激光器的主要性能参数见表 8-1。

表 8-1　CO_2 激光器的主要性能参数

名称	参数
激光功率	80 W
激光波长	10.6 μm
激光模式	TEMOO
能量控制	0~5 V PWM
冷却系统	水冷
工作电压	220 V
频率	50 Hz

8.2.2 激光扫描系统选择

CO$_2$ 激光器发射的激光通过激光扫描系统将能量传输到被加工材料的待加工表面,并按照设定的加工路径对材料进行切割。目前激光的扫描方式主要有两种,一种是振镜扫描方式,另一种是光路飞行方式。振镜扫描方式是指从激光器中发射的激光束照射到反射镜上,控制系统通过驱动 x 轴振镜和 y 轴振镜分别带动反射镜做相应角度的旋转,使反射出角度改变的激光束通过镜片组聚焦在某一平面上。激光振镜扫描原理如图 8-9 所示。在此过程中,控制系统会通过控制 x 轴振镜和 y 轴振镜的转动来控制激光扫描路径。

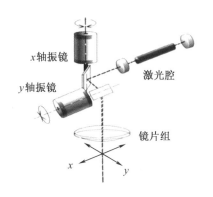

图 8-9 激光振镜扫描原理

激光振镜扫描方式不适用于辅助气体与激光复合加工技术,主要原因是其成本高,加工过程容易造成光斑畸变,且不便与辅助气体射流的结合,进而影响成型质量。

气体辅助激光加工木材设备的激光扫描系统采用激光光路飞行扫描方式,如图 8-10 所示。从激光器中发射的激光束通过固定在激光器发射口的第一反射镜反射出来,射到固定在 x 横梁的第二反射镜上,从 x 横梁的第二反射镜上发射出的激光束最终经过辅助气体射流复合加工装置上的第三反射镜后辐射到木材表面的待加工区域。在此过程中,控制系统会通过控制 x 轴电机和 y 轴电机在 x 轴与 y 轴方向运动来控制激光扫描路径。光路飞行激光扫描系统采用高精度不锈钢直线导轨,不仅可有效避免复杂工况下因使用而生锈,而且其定位精度可以提高到 0.01 mm内。由于扫描驱动单元选用的是两相混合式步进电机,因而激光加工的最大速度为 200 mm/s。

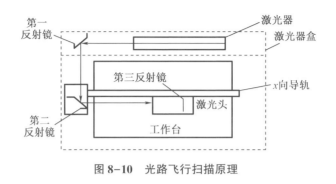

图 8-10 光路飞行扫描原理

8.2.3 气体辅助激光加工设备的运动系统设计

气体辅助激光复合加工装置的核心部件,包括第三反射镜、激光头、同轴喷嘴以及压力调节装置。激光头垂直向下,射出的激光束垂直作用在木材表面,可减少激光光斑发生畸变,辅助气体通过同轴喷嘴向下与激光束共同作用在木材表面,可减少气流散射对激光束的影响。激光头与同轴喷嘴共同安装在精密的数控运动二维滑台上,控制系统通过 x 轴和 y 轴的伺服电机驱动精密的数控运动二维滑台,控制气体辅助激光加工复合装置与被加工木材的相对位置,进而使气体辅助激光加工复合装置在工作平面的水平方向上移动,从而实现激光束与辅助气体的实时同步扫描,完成对木材的切割。精密的数控运动二维滑台三维结构如图 8-11 所示。

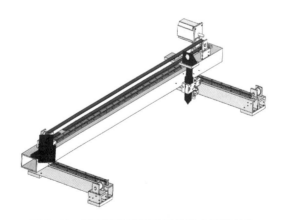

图 8-11 精密的数控运动二维滑台三维结构

8.3 激光切割质量影响因素和评价指标

8.3.1 影响切割质量的因素

激光与物质相互作用时,产生表面熔化或者烧蚀形貌,这是多种激光参数相互耦合造成的,比如激光功率、激光波长、激光光斑直径等。图 8-12 为激光切割质量的影响因素。从某种程度上讲,对加工效果的优化,实际上就是对不同加工参数的调节与优化。

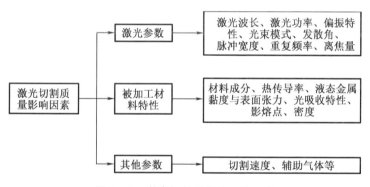

图 8-12　激光切割质量的影响因素

1.激光功率

激光功率主要是根据切割机理及被加工材料的特性确定的。对于同一材料,激光所能切割的厚度随着其功率的增大而增加;对于不同材料,相同功率的激光所能切割的厚度也是不同的。在其他切割参数确定的情况下,对于一定厚度的材料存在激光切割的最佳功率范围,在此范围内切割时,切缝宽度小且稳定,切割质量高。通常,对于板材切割分离,应根据所选材料及所需切割速度选取激光功率,估算方法如下:

$$P_1 = E_0 U d (\text{w}) \tag{8-4}$$

139

式中　E_0——激光能量密度,J·cm^{-2};

　　　U——切割速度,cm/s;

　　　d——激光束聚焦后的光斑直径,cm。

最后,激光器功率的选取应在估算的基础上,同时考虑激光加工过程中的能量损失。

2. 激光波长

激光波长是两个向量场在传播方向上的最短距离,它会影响材料的吸收和反射特性。并且,由于激光束的波长与应用激光的光子能量相关,故加工时它会影响材料的烧蚀。激光波长与光子能量的关系:

$$E = \frac{hc}{\lambda} \tag{8-5}$$

式中　E——光子能量;

　　　λ——激光波长;

　　　h——普朗克常量,其值为 6.626×10^{-34};

　　　c——光速。

由式(8-5)可知,当激光波长增大时,光子能量将降低,从而产生较小的烧蚀量。

3. 激光光斑直径

采用稳定腔的激光器所发出的激光束,既不同于点光源所发射的球面波,也不同于普通平行光束的平面波,而是一种特殊的高斯光束,亦称高斯球面波。激光的光强在波面上不相等,中心强,边缘弱。光斑直径 d 为

$$d = 2\omega_0 \sqrt{1 + \left(\frac{\lambda \Delta l}{\pi \omega_0^2}\right)} \tag{8-6}$$

式中　ω_0——焦点处光斑半径;

　　　λ——激光波长;

　　　Δl——距焦点的距离。

由式(8-6)可以看出,光斑直径与入射激光波长和距离焦点的位置有关,入射激光波长越长,则激光光斑直径越大;聚焦点越远的地方的光斑直径亦越大。同时,光斑直径的大小还取决于发散角和聚焦透镜的焦距,激光束聚焦状况及发散角与光斑直径的关系如图8-13所示。由图8-13可知,激光束本身的发散角变小时,光斑的直径会变小,焦深亦随之变大,当激光束本身的发散角增大时,光斑直径也

会增大,这时焦深减小。

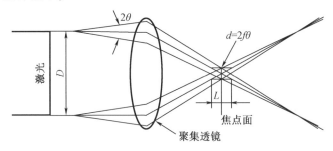

图 8-13 激光束聚焦状况及发散角与光斑直径的关系

当减小透镜焦距时,焦点处的光斑直径减小,但焦深缩短,即光斑半径随到焦点距离的变化越来越快;当增大透镜焦距时,焦点处的光斑直径增大,但焦深增大,亦即光斑半径随到焦点距离的变化比较缓慢。

4. 激光光束焦距

激光照射的能量密度和功率密度都与激光光斑直径有关,为了获得较大的能量密度和功率密度,在激光切割加工中,光斑尺寸要求尽可能地小。焦点位置对激光加工质量也有很大的影响,与焦点位置紧密相关的是焦深,焦深是描述聚焦光斑特性的一个参数,也是影响激光加工时零件定位的主要因素之一,定义为焦点光斑直径 d 增加5%时在焦距方向上相应的变化范围,图 8-14 中的 Z 即为焦深。

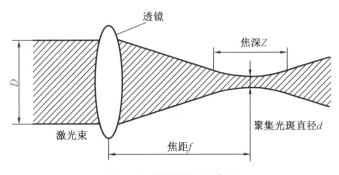

图 8-14 激光焦深示意图

焦深与聚焦光斑直径的关系为

$$Z = \frac{0.65df}{D} \qquad (8-7)$$

式中 f——入射激光的焦距;

d——聚焦光斑直径；

D——入射激光束的直径。

从式(8-7)中可以看出焦深与焦距成正比,与入射激光束的直径成反比。

5. 切割速度

对于板材切割分离,当激光功率和辅助气体压力一定时,切口宽度会随着切割速度的增大而减小,随着切割速度的降低而增大。切口表面粗糙度也受切割速度的影响:当切割速度较低时,表面质量较差;随着速度的提升,表面粗糙度会得到明显改善;但当切割速度达到一定值后,无法再观察到明显的改善;当切割过快时,会发生切不透的情况。由此可见,切割速度过高,切口清渣不净,甚至切不透;切割速度过低,则会增大热影响区,甚至使材料过烧。综上,应根据材料属性、加工设备等条件合理地确定切割速度。

6. 辅助气体

辅助气体的种类、流量、压强都会对激光切割质量产生影响。按照气体在切割过程中的作用,辅助气体可分为两类:第一类是不参与反应气体,如压缩空气或惰性气体,此类气体在切割中主要用于吹除熔融金属和金属蒸汽并保护聚焦透镜,适用于非金属材料和部分金属材料切割;第二类是参与反应气体,如氧气,此类气体在反应中不仅要吹除残渣,还要与金属发生氧化反应并提供一部分热量,适用于部分金属材料切割。气体压力、流量是影响切割质量的重要因素。气体压力过低,会有残余金属滞留在切割表面,重凝后金属微观组织发生变化,会影响裂解质量及后续加工。气体压力过高,可能会在金属表面形成涡流,反而影响吹渣效果。实践证明,不同结构的喷嘴也会对切割质量产生不同的影响。

7. 材料本身特性

影响激光加工过程的材料特性主要有材料的热物理性能、材料的反射率、表面状态及材料需要切割的深度。材料的热物理性能和反射率等影响材料对激光的吸收能力,且对辅助气体也会产生相应的要求。材料需要切割的深度影响激光功率和切割速度,一般情况下,要切割的切口越深,或对于板材切割分离(切断)材料厚度越大,所需激光功率越大,所需的切割速度越低。

8.3.2 切割质量评价指标

目前,对激光切割工件表面质量的评定,我国还没有统一的标准,但一般包括切口宽度、切割面粗糙度、切割面的倾斜角、切缝下表面的挂渣厚度、热影响区宽度。

1. 切口宽度

切口宽度是指激光在工件表面留下切缝的宽度。它是衡量表面质量的一个重要因素,并与光斑直径有着较大的关系。CO_2 激光束的光斑直径一般为 $0.15\sim0.3\ mm$,在切割材料时,切口宽度和光斑直径基本保持一致,但随着工件厚度逐渐增加,切口呈上宽下窄,且工件上部切口宽度通常大于光斑直径。

2. 切割面粗糙度

切割面粗糙度是衡量切割质量的重要参数,好的切割质量表面较为光滑,但对其产生影响的因素有很多,除了切割参数外还有激光功率密度、材料自身特性和板材厚度等因素。在切割较厚的板材时,切割面粗糙度是不均匀的,通常上部光滑,下部较为粗糙,因此在实际测量时,通常是取距下表面切割上部 1/3 处进行测量。

3. 切割面的倾斜角

切割面的倾斜角表示由于上、下缝宽不同导致的切缝断面的倾斜度,如图 8-15 所示。在激光切割较厚的材料时,因为激光在工件内不断反射,能量逐渐降低,切口经常会出现上宽下窄形,有时在下口面也出现倒形,因此它是激光切割质量的一项重要评价指标,其数学计算式为

$$\alpha = \frac{180°}{\pi}\arctan\left(\frac{L_1 - L_2}{2d}\right) \tag{8-8}$$

式中　α——切割面倾斜角;

　　　L_1——上缝宽度;

　　　L_2——下缝宽度;

　　　d——钢板厚度。

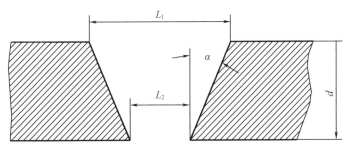

图 8-15　切割面倾斜角示意图

4.切缝下表面的挂渣厚度

挂渣是指工件经过激光切割后,背面附着的长度不一的毛刺。主要是因为激光切割过程中辅助气体压力不足等原因,一部分熔融物质没有被及时排出,在切缝下表面重新凝固形成挂渣。挂渣厚度越大,切割质量越差,激光切割的最好效果是切口处无挂渣。挂渣主要有以下几种形态。

(1)串珠状毛刺。呈水滴状,附着性较高,需要进一步处理。

(2)碎土状毛刺。呈碎土状,附着性较差且容易清除,轻拂即可。

(3)锋利毛刺。呈鼠须状,边缘锋利且附着性强,需要进一步处理。

5.热影响区宽度

激光切割工件时产生的热量一部分用于熔化切口处的基材,另一部分热量就会传递到材料内部,切口附近会形成不同程度的淬火,该区域被称为热影响区。该区域的材料尽管没有被熔化,但是内部组织受到了激光的影响,材料的力学性能和疲劳特性会受到一定程度的影响,不利于后续加工,同一材料吸收的激光能量越多,其热影响区越大,对应的切割质量越差。因此热影响区的宽度也是评定切割质量好坏的一个重要参数。

8.4 气体辅助激光加工的设备及分析测试仪器

8.4.1 气体辅助激光加工的设备

激光加工过程中,木材在激光束的照射下吸收光子能量,材料分子的化学键被打断,构成木材的纤维素分子被氧化分解为碳(CO_2)和水蒸气。若激光能量密度大于木材燃烧阈值,在辐照的瞬间足以把被切割区域的材料气化形成切缝,此过程中材料的热分解迅速,加工表面不发生碳化仅有轻微色差,这是一种比较理想的作用机制。若在激光辐射瞬间的能量密度只能达到木材的燃点,则木材中所含的碳元素与空气中的氧气相结合发生燃烧放热反应,切缝表面粗糙并附着大量碳化物残渣,加工表面出现烧痕,热影响区很大,加工精度降低。

受光束模式或激光输出功率的影响,在材料的照射部位总有部分区域的光束功率密度低于使材料气化所需要的功率密度,因此,激光加工木材过程中通常伴有燃烧和瞬间气化两种机制。在激光与木材相互作用时,由于木材烧蚀蒸发过程中会产生较大的反向蒸气流,对激光束的质量和加工效率产生不利影响,因此,研究气体辅助激光加工工艺对木材激光加工过程中热量分布以及表面质量的影响关系,通过气体射流的阻燃作用抑制热传递和热扩散现象,利用气流的冷却和吹扫作用清理加工区域残渣,为提高切割质量及切缝平整度提供技术支撑。

考虑木材的含水率对加工性能、加工发热值以及木材导热性等所产生的影响,气体辅助激光加工薄木的成型试验所使用的激光切割机如图 8-16 所示。其中 CO_2 激光器波长为 10.6 μm,激光器额定功率为 80 W,最大加工速度 200 mm/s,透镜焦距为 63.5 mm。气体选用纯度≥99.999%的工业氩气,通过减压阀进行调压和稳压后由导管进入喷嘴与激光束同轴喷射到木材表面,喷嘴处气体压力最高可达 2.5 MPa。

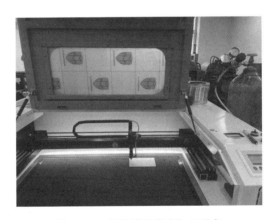

图 8-16　气体辅助激光加工设备

8.4.2　分析测试仪器

由于木材不是电的优良导体,当木材在激光切割完成后,为了便于观察微观形貌和烧蚀效果,需要在木材表面以及烧蚀区域喷金处理后再利用扫描电镜进行观察,本试验采用的是 Quorum Q150T PLUS 全自动高真空溅射仪,如图 8-17 所示,喷金的均匀程度决定了扫描电镜观察时的图像清晰程度,所以要确保涂层均匀、厚度合理。

图 8-17　Quorum Q150T PLUS 全自动高真空溅射仪

扫描电子显微镜是研究微观结构的研究工具,它的原理是采用二次电子信号成像来观察试验材料的微观结构,它只能观察到表面,不能观察到内部。其用电子束去照射样品,通过电子束与被观察物质的相互作用激发样品表面电子,其中主要是样品的二次电子发射。扫描电子显微镜比光学显微镜观察微观结构更清晰,放大倍数更高,其可直接利用样品表面材料的物质性能进行微观成像。扫描电子显微镜的优点如下。

（1）可进行大倍数放大,最高可达 20 万倍且可连续观察。

（2）观察范围广泛,可立体成像,特别适合观察表面具有凸凹的微观结构。

（3）样品基本不需要特别处理。还配有 X 射线能谱仪装置,这样可以同时进行微观结构形貌的观察和材料成分的分析,所以该设备应用范围很广。

美国 Thermo Scientific 公司生产的 Apreo 扫描电子显微镜对气体辅助激光加工薄木切缝表面进行扫描,如图 8-18 所示,可观察切缝表面微观形貌,并通过能谱分析获得切缝表面主要成分及含量。

图 8-18 Apreo 扫描电子显微镜

切缝宽度和深度可采用 MOTIC BA400 显微镜,如图 8-19 所示,测量切缝顶部至底部的距离作为切缝的深度,为确保测量结果的准确性,对每个切口重复测定 3 次并取其平均值表示。

图 8-19 MOTIC BA400 显微镜

8.5　本　章　小　结

气体辅助激光加工木材的研究是提高木材加工质量以及综合利用率的主要方法之一。通过对激光切割木质材料的加工机理的研究及木材激光加工实验台的设计,探索激光束特性、激光设备加工工艺变量、木材材性等因素与切缝表面加工质量及试件切口宽度的相互关系,获得合理的加工工艺参数,从而提高木质材料的激光切割表面质量。主要获得以下结论。

(1)通过比对不同材种的微观结构,分析针叶材和阔叶材的主要组成成分,根据木材不同切面的差异,确定木材切割方式,为后续气体辅助激光加工木材的试验研究提供前期基础。

(2)根据激光切割木材的主要质量影响因素以及质量评价指标需求,确定了气体辅助激光加工设备的激光器系统、激光扫描系统,根据工作台实际工作情况设计运动控制系统,实现激光束与辅助气体的实时同步扫描。

第 9 章　气体辅助激光加工薄木的工艺及质量研究

在气体辅助激光加工薄木过程中,切缝质量是评价该成型工艺优劣的标准,由于激光能量的吸收、热量的传导以及辅助气体压力下的质量流动导致气体辅助激光加工过程极其复杂,不同参数作用对切割质量产生重要影响。本章采取试验设计法分析工艺参数对加工精度和切割质量影响的显著性情况,通过不同评价指标对比研究得出加工参数对切割质量的影响规律,采用响应曲面法,对气体辅助激光加工工艺参数进行优化,并对气体辅助激光加工薄木切缝尺寸及表面粗糙度进行理论预测和试验分析。

9.1　试验参数选择

试验木材选择过程中综合考虑木材树种、树龄、气干密度等特性和含水率、致密度等因素对激光能量吸收效果的影响,以及木材在高端家具、建筑装饰等领域的应用,选取樟子松、樱桃木、白枫木 3 种木材进行试切,通过测试试样加工效果来判断木材是否适用于气体辅助激光加工技术。

将选购的木材加工成一定尺寸,其规格为 120 mm×80 mm×2 mm(长度×宽度×厚度)含水率 11%,考虑实际生产效率和成型质量要求,当切割速度过小时,随着加工时间的增加生产成本将随之增大。通过对激光功率和切割速度的调节,选择切割速度 25 mm/s,激光功率 25 W,根据第 5 章、第 6 章和第 7 章的分析结果,选择氦气辅助激光加工,气体压力 0.1 MPa,喷嘴至工件距离 1.0 mm。通过显微镜放大观察木材切缝加工效果,如图 9-1 所示。

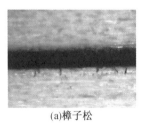  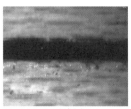

(a)樟子松　　　　　　　(b)樱桃木　　　　　　　(c)白枫木

图 9-1　气体辅助激光加工不同薄木效果

由图 9-1 可以看出,樟子松未被切透,切缝边缘附着大量碳化残留物,这可能与樟子松纹理结构相关,导致热量的堆积。樱桃木形成切缝但底部有部分黏连,这可能是激光功率不足所致,切缝表面平行度较好,碳化区域较小。白枫木未被切透,切割不均匀,表面碳化严重,颜色最深,碳化区域最大,这是因为白枫木内部管孔多而小,致密度较高,因此需要较大的激光能量才能形成切缝。根据以上试切结果,综合考虑激光能量吸收与热传导特性,决定选用樱桃木为试验基材作为后续试验研究。樱桃木是一种硬度适中、纹理细腻清晰、颗粒紧密、浅红棕色的高级木材,其心材、边材区分明显,纵切面常见褐色点状或条状髓斑,生长轮明显。由于樱桃木切面光滑,抛光性和涂装效果较好,具有良好的抗弯曲性能,干燥后尺寸稳定性很好,特别适宜制作车件、现代板式家具、橱柜饰面等高档家居用品,是非常受欢迎的板材之一。为了保证试验顺利进行及后期测试的可行性,试验前期采用 240#砂纸将木材表面磨平,确保木材表面平整、光滑,无裂缝、瑕疵、结疤、腐朽等缺陷。

9.2　气体辅助激光加工薄木的对比试验

9.2.1　气体辅助对切割质量影响分析

由于木材是典型的各向异性的多孔介质材料,当进行顺纤维切割时,激光束沿纹理方向通过无数纤维管束的集合体;当进行横纹切割时,激光束通过木射线组成的薄壁空腔组织。由于结构的差异造成不同切割方向上的切缝尺寸不一致,因此加工时既要考虑顺纹方向也要考虑横纹方向。研究工艺参数对薄木切割质量的影响试验,以切缝宽度和表面粗糙度作为评价指标,对比分析传统激光加工和气体辅助激光加工在不同纹理方向的影响规律,以获得最优的加工方法。气体辅助激光加工樱桃木的工艺参数见表9-1。

表 9-1　气体辅助激光加工樱桃木的工艺参数

工艺参数	1	2	3	4	5	6	7
激光功率/W	30	35	40	45	50	55	60
切割速度/(mm·s^{-1})				25			
气体压力/MPa				0/0.1			
木材厚度/mm				2			

图9-2为传统激光加工与气体辅助激光加工时在顺纹切割和横纹切割两种方式下激光工艺参数对切缝宽度的影响。当切割速度不变时,无论有没有氮气的加入,切缝宽度在不同激光功率作用下的变化趋势基本相似,切缝宽度随着激光功率的增大而增大。这是因为当激光功率较低时,激光作用在木材表面并传递的热量较少,木材去除量相对减少,因此切缝宽度小。随着激光功率的逐渐升高,相同时间内木材表面产生的热量迅速累积,温度快速升高达到自身沸点使木材气化,切缝处木材的烧蚀气化体积增大,切缝宽度也随之增大,切口周边热影响区增大。

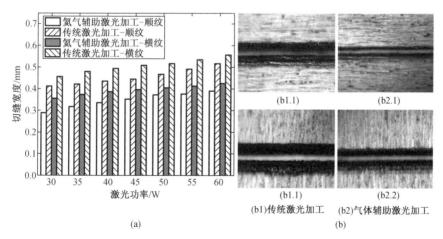

图 9-2　传统激光加工与气体辅助激光加工时在顺纹切割和横纹切割两种方式下激光工艺参数对切缝宽度的影响

相对于传统激光加工,在气体辅助的情况下,所获得的切缝宽度明显小于没有气体辅助的。这是因为氦气作为保护气,是唯一与工件接触的介质,可在加工表面及激光路径范围内形成有效的断氧保护层,破坏木材燃烧的基本条件,阻碍热量横向及径向的传播路径。同时,通过气流吹扫带走切缝内烧蚀区域的热量以及不完全气化产生的残渣,使这些热量不能进一步向工件内部传导,降低了切缝表面的聚集温度,有效减小了热影响区,木材的烧蚀量减小,因此切缝宽度较小,切缝平整度较好。采用显微镜对切缝放大 200X 观察可以看出,当激光功率为 30 W、切割速度为 25 mm/s 时,气体辅助激光加工薄木顺纹切缝最小宽度为 0.29 mm,气体辅助激光加工薄木横纹切缝最小宽度为 0.36 mm,顺纹切割时气体辅助激光加工的切缝宽度明显小于横纹切割时的切缝宽度,还可以明显地看出,切口附近的碳化现象得到了有效的改善,碳化区域减小,色差变异较大。这是木材内部结构差异的结果,顺纹切割时,激光束移动方向与木材纹理方向相同,切缝平整度较好。横纹切割时,由于其内部是由管胞组成的,激光束切割角度与木材纤维垂直,更有利于激光能量的扩散与吸收,因此切缝宽度相对较大。

图 9-3 为对比传统激光加工与气体辅助激光加工时在顺纹切割和横纹切割两种方式下激光参数对表面粗糙度的影响。当切割速度不变时,无论是顺纹切割还是横纹切割,传统激光加工的表面粗糙度均大于气体辅助激光加工的表面粗糙度。同时,表面粗糙度在不同激光功率作用下的变化趋势基本相似,其随着激光功率的增大而增大。这是因为当激光功率较小时,作用于木材表面用于热量传递的激光能量较小,对切缝处木材的烧蚀能力减弱,切缝表面平整度较好,因此表面粗糙度较小。随着激光功率的增大,单位时间内作用于木材表面的能量迅速累积,切缝处热量过大不能被及时充分地吸收而产生烧灼,在切缝表面形成大量的碳化物及残留物,因此表面粗糙度也随之增大。无论是顺纹切割还是横纹切割,切缝表面碳化现象均比较严重,孔隙及纹理由于氧化烧蚀而变得模糊甚至发生釉化。气体辅助激光加工时,由于氦气的阻燃作用,降低了燃烧反应而产生的热量释放,减少了碳化物的累积。同时,气体射流的吹扫作用,将部分残留物吹除,减少了切缝表面残留物的附着,因此切缝表面粗糙度较小,切缝表面纹理清晰,基本为木材本色。

当激光功率为 30 W、切割速度为 25 mm/s 时,气体辅助激光加工薄木的顺纹表面粗糙度最小值为 2.89 μm,气体辅助激光加工薄木的横纹表面粗糙度最小值为 3.69 μm,顺纹切割时气体辅助激光加工的表面粗糙度明显小于横纹切割时的表面粗糙度。这是因为横纹切割时更有利于激光能量的吸收。同时木材整体呈现为管胞组成的空腔结构,由于孔隙之间结构错乱复杂,在气流的吹扫作用下气化后的残渣以及碳化物不易排出而堆积于孔隙内部,由此导致横纹切割时木材表面的粗糙度较大。

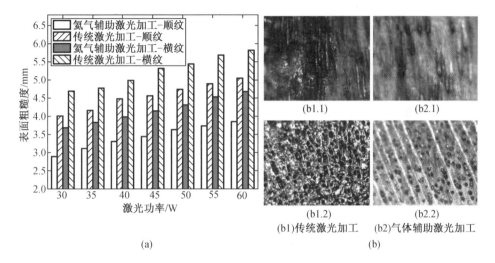

(b1.1)　　　　　(b2.1)

(b1.2)　　　　　(b2.2)

(b1)传统激光加工　　(b2)气体辅助激光加工

(a)　　　　　　　　　　　(b)

图 9-3 对比传统激光加工与气体辅助激光加工时在顺纹切割和横纹切割两种方式下激光参数对表面粗糙度的影响

9.2.2 切缝微观形貌和表面成分分析

图 9-4 和 9-5 为激光功率 40 W、对比顺纹切割时,传统激光加工与气体辅助激光加工的切缝表面微观形貌和表面成分。由图 9-4 和图 9-5 可以看出,传统激光加工后切缝表面较为粗糙,含有大量的碳化物以及熔融飞溅形成的氧化物残渣,管胞内壁烧蚀严重,由于附着产物较多导致切缝表面不光滑。氩气辅助激光加工后,由于氩气的阻燃作用,在切缝表面形成阻燃区域,阻碍燃烧反应的发生,烧蚀现象有所改善,切缝表面及管胞内部几乎没有残留物,表面质量较好。同时,通过能谱分析可以看出,传统激光加工后切缝表面含碳量为 54.95%,气体辅助激光加工后切缝表面含碳量为 50.33%,相较于传统激光加工,切缝表面含碳量得到了有效的降低,碳含量减少了 4.62%。这是由于惰性气体的引入在切缝表面形成断氧阻燃区域,减少了表面烧蚀而产生的碳化现象,减小了热影响区范围,同时通过具有一定压力的气流吹扫,将气化后的残渣及残余碳颗粒吹除,因此,切缝表面的碳含

量降低。

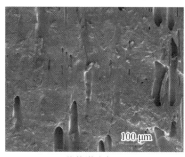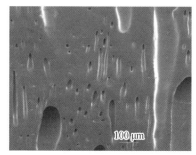

(a)传统激光加工　　　　　　　　(b)气体辅助激光加工

图 9-4　激光功率 **40 W**、对比顺纹切割时,传统激光加工与气体辅助激
　　　　光加工的切缝表面微观形貌

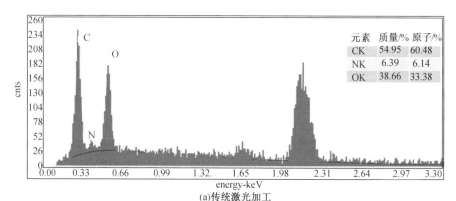

元素	质量/%	原子/%
CK	54.95	60.48
NK	6.39	6.14
OK	38.66	33.38

(a)传统激光加工

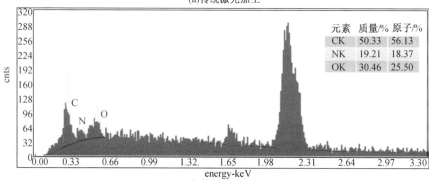

元素	质量/%	原子/%
CK	50.33	56.13
NK	19.21	18.37
OK	30.46	25.50

(b)气体辅助激光加工

图 9-5　激光功率 **40 W**、对比顺纹切割时,传统激光加工与气体辅助激光加工的切缝
　　　　表面成分

图 9-6 为对比横纹切割时传统激光加工与气体辅助激光加工的切缝表面微观形貌。由图 9-6(a) 可以看出,传统激光加工后切缝表面及管孔内部含有大量的碳化物残渣,部分孔隙由于烧蚀严重而发生堵塞粘连,大量碳化物附着于表面使得一些尺寸较小的孔隙变得模糊,表面平整度较差,切缝表面破坏严重。由图 9-6(b) 可以看出,氩气辅助激光加工后,切缝表面较为平滑,管孔周围及表面几乎没有残留物及碳颗粒,细胞壁较为完整,孔隙错落排序。这是由于惰性气体的阻燃及冷却作用,减小了由于燃烧反应产生的热量对细胞的破坏,有效地减小了热影响区,改善了表面质量。

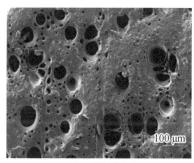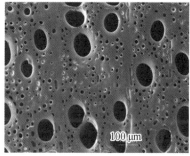

(a)传统激光加工　　　　　　　　　　(a)气体辅助激光加工

图 9-6　对比横纹切割时传统激光加工与气体辅助激光加工的切缝表面微观形貌

图 9-7 为对比横纹切割时传统激光加工与气体辅助激光加工的切缝表面含碳量。传统激光加工后切缝表面含碳量为 56.69%,气体辅助激光加工后切缝表面含碳量为 51.48%,相较于传统激光加工,切缝表面含碳量得到了有效的降低,含碳量减少了 5.21%。这是由于低温压缩的氩气具有冷却及吹扫作用,使切缝表面的温度得到了大幅度降低,减小了由于热量集中而发生的灼烧破坏,并随着气流的流动,将残余物吹走,从而使得切缝表面碳含量有效降低。

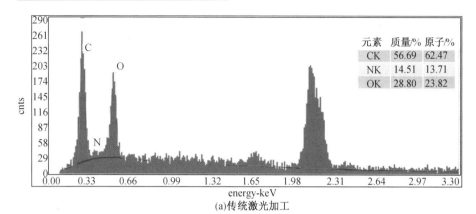

（a）传统激光加工

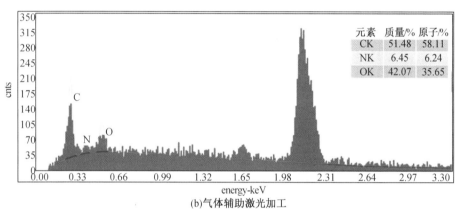

（b）气体辅助激光加工

图 9-7　对比横纹切割时传统激光加工与气体辅助激光加工的切缝表面含碳量

9.3　气体辅助激光加工参数对成型质量的影响分析

　　通过以上对比分析可以看出，受木材纹理结构的影响，顺纹切割时激光加工所得到的切缝质量明显优于横纹切割，因此本节以顺纹切割方式作为研究基础，探究不同工艺参数对激光加工薄木质量的影响规律。考虑切缝深度作为切割效率的评价指标，当木材厚度为 2 mm 时，部分参数作用下可能直接切透而无法获得有效的切缝深度数值，本组试验选用的樱桃木规格为 120 mm×80 mm×5 mm（长度×宽度×

厚度),其他工艺参数不变。试验中采用氦气作为辅助气体,其主要影响因素有激光功率、切割速度、离焦量和气体压力,采用控制变量法对工艺参数进行调整,通过因素试验测量切缝宽度、切缝深度以及表面粗糙度,探究各影响因素对薄木成型质量的影响规律以及对试验结果影响的最佳范围。气体辅助激光加工樱桃木试验工艺参数见表9-2。

表9-2　气体辅助激光加工樱桃木试验工艺参数

因素	激光功率 /W(A)	切割速度 /(mm·s^{-1})(B)	离焦量 /mm(C)	气体压力 /MPa(D)
A	40/45/50/ 55/60/65	24	0	0.1
B	50	18/20/22/ 24/26/28	0	0.1
C	50	24	−1.5/−1.0/−0.5/ 0/0.5/1.0	0.1
D	50	24	0	0.05/0.1/0.15/ 0.2/0.25/0.3

9.3.1　激光功率对切割质量的影响

图9-8为不同激光功率下气体辅助激光加工樱桃木对切缝尺寸的影响。在其他参数不变的情况下,随着激光功率的增加,切缝宽度、切缝深度和表面粗糙度均增大,并且呈现近似线性趋势。这是因为较低的激光功率导致输入能量较小,单位时间内传递到切缝横向及径向的热量较少,燃烧并气化升华的木材体积较少,此时切缝宽度和深度均较小并且切缝表面比较光滑。随着激光功率的增加,在相同的作用时间内,照射到木材表面的累积能量增加,从而使得材料本身温度快速上升,热量通过切割前沿向基材内部进行传导,作用于切缝周围的热量增多,造成基体的损伤变大,切缝尺寸逐渐增大,表面粗糙度随之变大。

在惰性气体的断氧阻燃作用的保护下,木材切缝宽度随激光功率的增大而增大,但是数值变化较小,主要是因为氦气破坏了木材的燃烧条件,减少了氧化反应产生的热量释放。但由于气体射流的冲击作用,在压力作用下切缝向纵向延伸,因此木材切缝深度随激光功率变化较大。综合考虑选择 40~50 W 的激光功率为后续响应曲面试验。

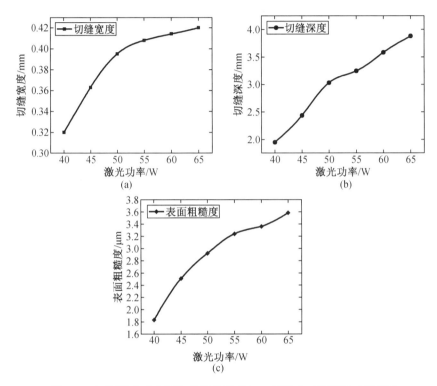

图 9-8   不同激光功率下气体辅助激光加工樱桃木对切缝尺寸的影响

9.3.2   切割速度对切割质量的影响

图 9-9 为不同切割速度下气体辅助激光加工樱桃木对切缝尺寸的影响。在其他参数不变的情况下,随着切割速度的增加,切缝宽度、切缝深度和表面粗糙度总体呈现不断下降的趋势。这是因为切割速度越小,单位时间内材料吸收的热量越多,能量从切缝入口处传播至基材,更多反应热量导致热损伤变大而使切缝尺寸较大,此时能量利用率较低。随着切割速度的增加,激光能量与木材相互作用时间减少,单位时间内作用于木材表面的热量也随之减小,由于切缝表面木材的气化速度

小于激光束移动速度,木材热量损伤现象得到改善,通过抑制侧向燃烧有效减小了热影响区,减小了切缝宽度和表面粗糙度。

气体辅助激光加工木材通过光化学反应与激光热作用共同实现材料的去除,单位时间内作用在木材表面的热量随着切割速度的增加而减小,影响材料对能量的吸收,由此导致木材的气化和熔化材料的去除量相应减小,因此切缝深度逐渐减小。综合考虑选择 22~26 mm/s 的切割速度为后续响应曲面试验。

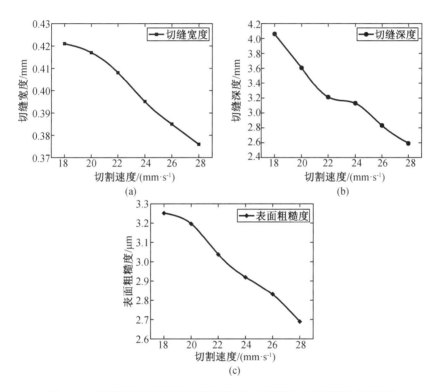

图 9-9　不同切割速度下气体辅助激光加工樱桃木对切缝尺寸的影响

9.3.3　离焦量对切割质量的影响

在激光切割中确保离焦量为恒定值可获得稳定的切割质量。离焦量是激光焦平面与工件表面间的距离,用 f 表示。焦点位置作用于材料上表面之上,即 $f>0$ 时所形成的离焦量为正;焦点位置作用于材料上表面之下,即 $f<0$ 时所形成的离焦量

为负。当其他条件一定时,离焦量的变化对切缝尺寸有重要的影响,离焦量选择不合理会严重影响到达木材表面光斑直径的大小。由于焦点位置处能量密度最大且最集中,更容易达到材料的气化蒸发温度,通常情况下,当离焦量为 0 或稍小于 0 时有利于获得较小的切缝宽度和优异的切割效果,加工效率最高。图 9-10 为离焦量与木材表面相对位置关系。

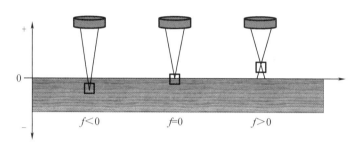

图 9-10　离焦量与木材表面相对位置关系

图 9-11 为不同离焦量下气体辅助激光加工樱桃木对切缝尺寸的影响。由图 9-11 可以看出,在不改变其他激光参数的情况下,离焦量 $f=0$ 时,切缝宽度最小,这是因为此时工件表面能得到最小光束直径,激光热作用范围最小,并且木材表面的能量密度最大,切缝宽度和热影响区最小。当离焦量 $f<0$ 时,照射在加工材料表面的激光束范围变宽,工件材料所获得的光能较大,在 z 轴方向上越向焦点位置靠近,熔融能量就越大,切缝越宽。当离焦量 $f>0$ 时,光束能量分布区域较宽,加工材料表面的激光束照射范围变大,切缝内的光束出现扩散角,使切缝宽度相应增大。

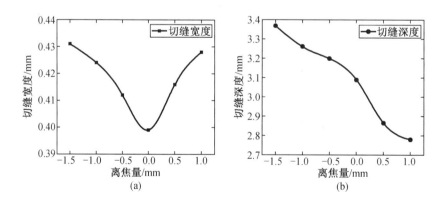

(a)　　　　　　　　　　(b)

图 9-11　不同离焦量下气体辅助激光加工樱桃木对切缝尺寸的影响

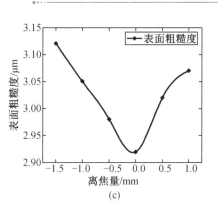

(c)

图 9-11(续)

表面粗糙度随离焦量变化的趋势与切缝宽度基本相似,呈先减小后增大的规律变化。当离焦量 $f>0$ 时,激光光斑照射范围变大,加工木材时产生的累积热量在木材表面作用区域变大,因此木材烧蚀过程中产生的表面残留物较多,此时,木材表面粗糙度较大。但当离焦量过大时,由于激光束的扩散,顶峰功率密度的光束不在工件上,作用于被加工点的能量密度将大大下降,热传导及光能的吸收减弱导致切缝深度变小。由此可见,在一定的板厚和切割功率下,在最佳的离焦量范围时,可以得到较小的切缝宽度及热影响区,并获得较好的表面切割质量。

9.3.4 气体压力对切割质量的影响

图 9-12 为不同气体压力对激光加工樱桃木切缝尺寸的影响。由图 9-12 可以看出,在相同激光功率、切割速度、离焦量等工艺参数不变的情况下,木材的切缝宽度和表面粗糙度随气流压力的增大而减小。这是因为气体喷射在木材表面隔绝了空气中的氧气,减小了燃烧反应放热对切缝宽度的影响,随着气流压力的增大,气体射流对激光作用区域的冷却作用增强,较强的对流换热作用导致激光量能损失,使得激光光束质量下降,同时较大的剪切力使得切缝壁面更加光滑,因此,切缝宽度和表面粗糙度相应减小。

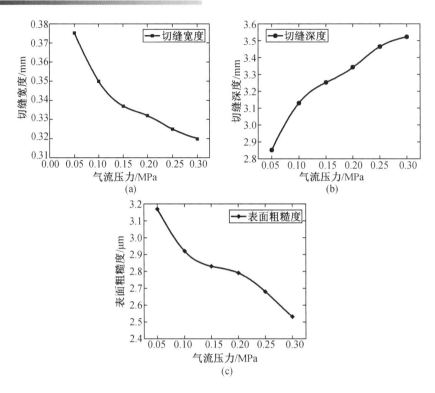

图 9-12　不同气体压力对激光加工樱桃木切缝尺寸的影响

切缝深度随气体压力的增大而增大,这是因为气体射流的冲击作用逐渐增大并起主导作用,使得热量随气流沿切缝向下传递,因此切缝深度相应增大。但是过大的气流压力破坏激光束的稳定性,光束发散导致切缝内部激光能量发生不均匀变化,气流压力过大会使气体射流出现紊乱的现象导致切缝表面的粗糙度变大。由此可见,为了保证切缝质量,气体压力并不是越大越好。综合考虑选择 0.1～0.2 MPa 的气体压力为后续响应曲面试验。

9.4 气体辅助激光加工薄木的工艺参数优化

上一节采用单因素试验方法研究了气体辅助激光加工樱桃木过程中工艺参数对切割质量的影响规律,但是在实际加工过程中涉及的工艺参数较多,且各参数相互影响,往往一种参数对加工效果起到了有益的作用,而与此同时另一种或几种参数则起到了抑制或削弱加工效果的作用。因此,本节将通过响应曲面法分析各主要因素交互作用的影响,以获得气体辅助激光加工薄木的成型规律。

9.4.1 响应曲面法试验设计

响应曲面法(ResponseSurfaceMethodology,RSM)是一种实验条件寻优的方法,利用合理的实验设计方法得到一定的数据,通过研究响应中所有因素之间的交互作用的影响,采用多元二次回归方程来拟合因素与响应值之间的函数关系,求出各相关因素水平的响应值,并在此基础上,找出预测的响应最优值以及响应的试验条件。相比于正交试验,响应曲面法可以在试验条件寻优过程中同时对试验的各个水平进行分析。

木材激光加工的响应变量是成品率和加工质量,前者由切割过程所达到的最大切缝深度表示,后者与切缝宽度和表面粗糙度有关。在响应曲面法中,Box-Behnken 试验设计是用于预测评价指标与响应因素间非线性关系的一种典型可旋转设计方法,在前述单因素试验结果的基础上,以激光功率(x_1)、切割速度(x_2)、气流压力(x_3)为参数进行响应曲面法试验。气体辅助激光加工薄木试验的因素和水平见表9-3。

表 9-3　气体辅助激光加工薄木试验的因素和水平

因素	工艺参数	因素水平		
		−1	0	1
x_1	激光功率/W	40	45	50
x_2	切割速度/$(\text{mm} \cdot \text{s}^{-1})$	22	24	26
x_3	气体压力/MPa	0.1	0.15	0.2

在响应曲面问题中,通过多元线性回归分析得到各响应的数学模型,建立响应 y 和控制变量 x 之间的逼近函数。模型中变量的显著性水平通过方差分析方法确定,采用最小二乘法估计多元回归模型的系数。拟合的二阶模型为

$$y = \beta_0 + \sum_{i=1}^{k} \beta_i x_i + \sum_{i=1}^{k} \beta_{ii} x_i^2 + \sum_{i<j} \sum \beta_{ij} x_i x_j + \varepsilon \tag{9-1}$$

式中　y——预测响应值;

β_0——常数项;

β_i——主效应系数;

β_{ii}——二次效应系数;

β_{ij}——交互项系数。

9.4.2　响应曲面回归模型的建立

表 9-4 是气体辅助激光加工薄木的响应曲面法试验结果,以切缝宽度、切缝深度和表面粗糙度为评价指标,建立关于激光功率、切割速度、气体压力 3 个响应参数的数学模型,包括 12 个试验点和 5 个零点对气体辅助激光加工工艺进行优化。

表 9-4　气体辅助激光加工薄木的响应曲面法试验结果

序号	因素			响应值		
	激光功率 /W	切割速度 /$(\text{mm} \cdot \text{s}^{-1})$	气体压力 /MPa	切缝宽度 /mm	切缝深度 /mm	表面粗糙度 /μm
1	45	22	0.2	0.37	3.08	2.72
2	45	24	0.15	0.34	2.43	3.02

表 9-4(续)

序号	因素			响应值		
	激光功率 /W	切割速度 /(mm·s⁻¹)	气体压力 /MPa	切缝宽度 /mm	切缝深度 /mm	表面粗糙度 /μm
3	40	26	0.15	0.29	2.25	1.88
4	50	24	0.2	0.39	3.43	2.76
5	45	24	0.15	0.34	2.45	3.05
6	45	26	0.2	0.33	2.82	2.37
7	50	26	0.15	0.36	2.98	2.53
8	40	24	0.1	0.32	1.96	2.21
9	50	22	0.15	0.43	3.65	3.42
10	45	22	0.1	0.39	2.75	3.25
11	40	24	0.2	0.30	2.65	1.75
12	50	24	0.1	0.42	3.13	2.92
13	45	24	0.15	0.35	2.46	3.04
14	45	24	0.15	0.34	2.48	3.07
15	45	26	0.1	0.36	2.19	2.48
16	40	22	0.15	0.30	2.38	2.16
17	45	24	0.15	0.34	2.49	3.08

采用二次多项式模型描述本试验中的切缝宽度、切缝深度和表面粗糙度与工艺参数预测响应:

$$y_{width} = -0.968\,25 + 0.050\,85x_1 + 0.013\,875x_2 - 1.18x_3 - 0.001\,5x_1x_2 - 0.01x_1x_3 -$$
$$0.025x_2x_3 - 0.000\,04x_1^2 + 0.001x_2^2 + 6.6x_3^2 \tag{9-2}$$

$$y_{dept} = 23.333 - 0.302\,65x_1 - 1.229\,25x_2 - 9.105x_3 - 0.013\,5x_1x_2 - 0.39x_1x_3 +$$
$$0.75x_2x_3 + 0.008\,71x_1^2 + 0.033\,813x_2^2 + 45.1x_3^2 \tag{9-3}$$

$$y_{Ra} = -63.523\,25 + 1.894\,85x_1 + 2.086\,37x_2 - 16.78x_3 - 0.016\,25x_1x_2 + 0.34x_1x_3 +$$
$$1.05x_2x_3 - 0.016\,29x_1^2 - 0.034\,312x_2^2 - 89.9x_3^2 \tag{9-4}$$

式中　y——响应值;

　　　x_1——激光功率,W;

　　　x_2——切割速度,mm/s;

　　　x_3——气流压力,MPa。

165

9.4.3 工艺参数对切缝宽度的影响

表9-5为在气体辅助激光加工薄木过程中切缝宽度试验结果的方差分析和显著性检验，以评价试验结果的可靠性。P值反应各项在模型中的显著程度，在一次项影响中，激光功率对切缝宽度的影响最为显著，其次是切割速度、气体压力，各因素之间的交互作用较为显著。

表 9-5　在气体辅助激光加工薄木过程中切缝宽度试验结果的方差分析和显著性检验

变异源	平方和	自由度	均方	F 值	P 值
模型	0.025 3	9	0.002 8	187.20	<0.000 1
x_1	0.019 0	1	0.019 0	1 267.50	<0.000 1
x_2	0.002 8	1	0.002 8	187.50	<0.000 1
x_3	0.001 2	1	0.001 2	83.33	<0.000 1
$x_1 x_2$	0.000 9	1	0.000 9	60.00	0.000 1
$x_1 x_3$	0.000 0	1	0.000 0	1.67	0.237 7
$x_2 x_3$	0.000 0	1	0.000 0	1.67	0.237 7
x_1^2	4.211×10^{-6}	1	4.211×10^{-6}	0.280 7	0.612 6
x_2^2	0.000 1	1	0.000 1	4.49	0.071 8
x_3^2	0.001 1	1	0.001 1	76.42	<0.000 1
残差	0.000 1	7	0.000 0	—	—
失拟项	0.000 0	3	8.333×10^{-6}	0.416 7	0.751 0
误差	0.000 1	4	0.000 0	—	—
总和	0.025 4	16	—	—	—

图9-13为在气体辅助激光加工薄木时不同参数组合下的切缝宽度响应曲面图。由图9-13(a)可知，大部分试验值分布在预测值之上，表明所建立的模型预测值与试验值吻合度比较高。图9-13(b)为激光功率和切割速度的交互作用对切缝宽度的影响。由于激光能量在木材的表层向下传递，当切割速度处于低水平时，随着激光功率的增大，更多激光能量积聚在木材表面，过剩的激光能量继续传导，并对切缝宽度的影响显著增大。图9-13(c)为激光功率和气体压力的交互作用对切缝宽度的影响。较大的激光功率和较低的气体压力导致木材切缝宽度增大，并且

激光功率对切缝宽度的影响比气体压力对切缝宽度的影响更显著。图9-13(d)为切割速度和气体压力的交互作用对切缝宽度的影响。气体压力和切割速度的交互作用对切缝宽度的影响并不明显,这是因为当切割速度较小时,随着气体射流与木材表面相互作用时间的延长,增加了气体压力对激光作用区的冷却效应,气流场密度随压力变化而产生不均匀分布,改变了激光束的能量冲击和沿材料切口方向的能量分布。

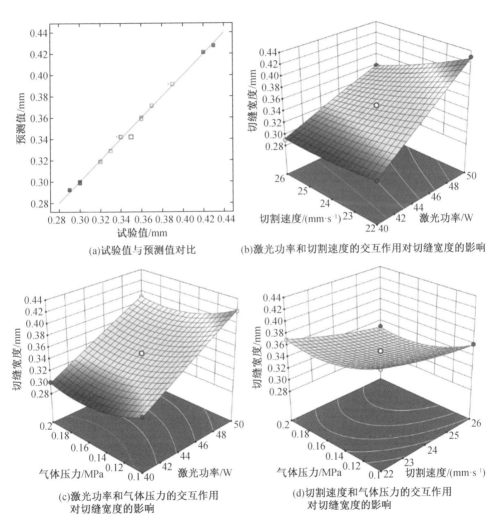

(a)试验值与预测值对比

(b)激光功率和切割速度的交互作用对切缝宽度的影响

(c)激光功率和气体压力的交互作用
对切缝宽度的影响

(d)切割速度和气体压力的交互作用
对切缝宽度的影响

图9-13 在气体辅助激光加工薄木时不同参数组合下的切缝宽度响应曲面图

利用所建立的回归模型方程进行求解,根据各影响因素对应的试验结果,获得在气体辅助激光加工薄木时最小切缝宽度的最优条件是:激光功率 40 W、切割速度 25.152 mm/s、气体压力 0.167 MPa,获得最小切缝宽度为 0.289 mm。

9.4.4　工艺参数对切缝深度的影响

表 9-6 为在气体辅助激光加工薄木过程中对切缝深度试验结果的方差分析和显著性检验。在一次项影响中,激光功率对切缝深度的影响最为显著,其次是气体压力、切割速度。同时,激光功率与切割速度的交互作用以及激光功率和气体压力的交互作用对切缝深度也具有显著影响。

表 9-6　在气体辅助激光加工薄木过程中对切缝深度试验结果的方差分析和显著性检验

变异源	平方和	自由度	均方	F 值	P 值
模型	3.25	9	0.361 3	918.04	<0.000 1
x_1	1.95	1	1.95	4 955.42	<0.000 1
x_2	0.328 0	1	0.328 0	833.52	<0.000 1
x_3	0.475 3	1	0.475 3	1 207.69	<0.000 1
$x_1 x_2$	0.072 9	1	0.072 9	185.23	<0.000 1
$x_1 x_3$	0.038 0	1	0.038 0	96.62	<0.000 1
$x_2 x_3$	0.022 5	1	0.022 5	57.17	0.000 01
x_1^2	0.199 6	1	0.199 6	507.26	<0.000 1
x_2^2	0.077 0	1	0.077 0	195.70	<0.000 1
x_3^2	0.053 5	1	0.053 5	136.00	<0.000 1
残差	0.002 8	7	0.000 4	—	—
失拟项	0.000 5	3	0.000 2	0.277 8	0.839 5
误差	0.002 3	4	0.000 6	—	—
总和	3.25	16	—	—	—

图 9-14 为在气体辅助激光加工薄木时不同参数组合下的切缝深度响应曲面图。由图 9-14(a)可知,大部分试验值分布在预测值之上,表明所建立的模型预测值与试验值吻合度比较高。图 9-14(b)为激光功率和切割速度的交互作用对切缝深度的影响。由于木材的激光切割主要依赖于激光束提供能量的热过程,在切割速度处于较低水平

时,随着激光功率的逐渐增大导致用于传递的能量增多,激光束与材料耦合作用加强将产生更深的切缝。图 9-14(c)为激光功率和气体压力的交互作用对切缝深度的影响。在较高的激光功率水平上,激光能量沿木材深度方向均匀分布,随着气体射流压力的增大,冲刷作用增强,清除切缝中被分解的粒子烟雾和燃烧颗粒,减少切缝中残留物的堵塞,使得激光束在切缝中的传播路径更加光滑,因此切缝深度增大。图 9-14(d)为切割速度和气体压力的交互作用对切缝深度的影响。在较低的切割速度条件下,受气体射流撞击木材作用时间影响,较长的冲击过程将产生更高的动能,从而给切缝壁面施加了更大的剪应力而增加切缝深度。根据各影响因素对应的试验结果,获得在气体辅助激光加工薄木时最大切缝深度的最优条件是:激光功率为 50 W、切割速度为 22.014 mm/s、气体压力为 0.168 MPa,获得最大切缝深度为 3.682 mm。

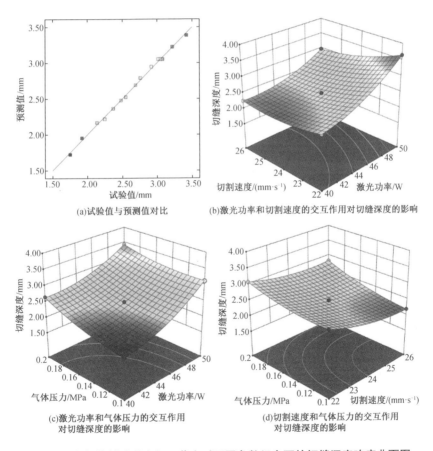

(a)试验值与预测值对比

(b)激光功率和切割速度的交互作用对切缝深度的影响

(c)激光功率和气体压力的交互作用
对切缝深度的影响

(d)切割速度和气体压力的交互作用
对切缝深度的影响

图 9-14 在气体辅助激光加工薄木时不同参数组合下的切缝深度响应曲面图

9.4.5 工艺参数对表面粗糙度的影响

表 9-7 为在气体辅助激光加工薄木过程中对表面粗糙度试验结果的方差分析和显著性检验。在一次项影响中,激光功率对表面粗糙度的影响最为显著,其次是切割速度、气体压力,同时,激光功率与切割速度的交互作用也具有显著影响。这是因为木材切缝的形成主要是由热量累积通过热传导作用进行烧蚀,激光功率越大,作用时间越长,表面粗糙度越大。

表 9-7　在气体辅助激光加工薄木过程中对表面粗糙度试验结果的方差分析和显著性检验

变异源	平方和	自由度	均方	F 值	P 值
模型	3.66	9	0.406 5	314.27	<0.000 1
x_1	1.61	1	1.61	1 245.40	<0.000 1
x_2	0.577 8	1	0.577 8	446.68	<0.000 1
x_3	0.211 3	1	0.211 3	163.31	<0.000 1
$x_1 x_2$	0.105 6	1	0.105 6	81.65	<0.000 1
$x_1 x_3$	0.028 9	1	0.028 9	22.34	0.002 1
$x_2 x_3$	0.044 1	1	0.044 1	34.09	0.000 6
x_1^2	0.698 3	1	0.698 3	529.84	<0.000 1
x_2^2	0.079 3	1	0.079 3	61.32	0.000 1
x_3^2	0.212 7	1	0.212 7	164.42	<0.000 1
残差	0.009 1	7	0.001 3	—	—
失拟项	0.006 8	3	0.002 3	3.96	0.108 4
误差	0.002 3	4	0.000 6	—	—
总和	3.67	16	—	—	—

图 9-15 为在气体辅助激光加工薄木时不同参数组合下的表面粗糙度响应曲面图。由图 9-15(a)可知,大部分试验值分布在预测值之上,表明所建立的模型预

测值与试验值吻合度比较高。图 9-15(b)为激光功率和切割速度的交互作用对表面粗糙度的影响。在所选参数区间内,在切割速度处于较低水平时,切缝表面粗糙度随激光功率的增加而增大且幅度较大。这主要是由于激光功率增大时,聚集在木材切割表面的热量增多,严重的烧蚀导致切缝表面粗糙度增大。图 9-15(c)为激光功率和气体压力的交互作用对表面粗糙度的影响。较低激光功率结合高压条件可得到较小的表面粗糙度,这主要是由于激光能量沿切缝深度方向的良好分布和射流较大的切应力造成的。高激光功率与低气流压力相结合,表面粗糙度最大,这是由于气体射流产生较小的剪切力,相对于较高的激光能量分布,削弱效果较小,使得加工表面更加粗糙。图 9-15(d)为切割速度和气体压力的交互作用对表面粗糙度的影响。表面粗糙度随气流压力的增大而减小,这是因为随着气体射流压力的增加,将具有更高的动能,较大剪切力从切缝中去除的材料较多,使得切缝表面更加平整光滑,因此对表面粗糙度将产生较为显著的影响。根据各影响因素对应的试验结果,获得在气体辅助激光加工时的薄木最小表面粗糙度的最优条件是:激光功率为 40.096 W、切割速度为 24.498 mm/s、气体压力为 0.2 MPa,获得最小表面粗糙度为 1.744 μm。

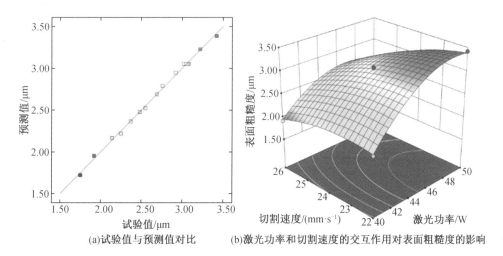

(a)试验值与预测值对比　(b)激光功率和切割速度的交互作用对表面粗糙度的影响

图 9-15　在气体辅助激光加工薄木时不同参数组合下的表面粗糙度响应曲面图

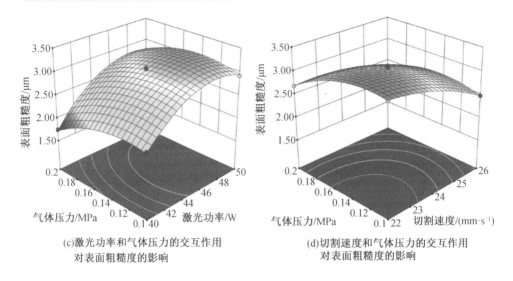

(c)激光功率和气体压力的交互作用　　　　(d)切割速度和气体压力的交互作用
　　对表面粗糙度的影响　　　　　　　　　　对表面粗糙度的影响

图 9-15(续)

9.4.6　工艺参数优化及验证

气体辅助激光加工薄木的工艺参数选择主要目标是获得最小的切缝宽度、最大的切缝深度和最小的表面粗糙度。优化的工艺参数最大限度地提高了工艺范围和切割断面的质量,但是每个参数水平都是相互独立的,选择工艺参数时很难满足最大切缝深度的同时获得最小表面粗糙度的高质量切割断面,因此需要根据各参数的重要性进行优选验证。

表 9-8 为在气体辅助激光加工薄木时工艺参数的变化范围及重要性。表中列出了每个响应权重及其重要性的表示,从 1~5(最小到最重要),分为 5 个等级。每个响应的权重是基于一个优先级的产量和质量预期的过程。每个参数的权重由其作为重要参数的频率或其参与所分析响应的重要性交互作用来确定。

表 9-8　在气体辅助激光加工薄木时工艺参数的变化范围及重要性

工艺参数	目标	最小值	最大值	重要性
激光功率/W	范围内	40	50	5
切割速度/$(mm \cdot s^{-1})$	范围内	22	26	3

表 9-8(续)

工艺参数	目标	最小值	最大值	重要性
气体压力/MPa	范围内	0.1	0.2	3
切缝宽度/mm	最小值	0.29	0.43	3
切缝深度/mm	最大值	1.96	3.65	3
表面粗糙度/μm	最小值	1.75	3.42	5

表 9-9 给出了在气体辅助激光加工薄木时的最佳工艺参数组合。这些工艺参数实现了每个响应的目标要求,最大限度地提高了激光切割木材的工艺质量。由表 9-9 可知,模型的预测值和试验值基本吻合,误差较小,在 3 种不同评价准则下切缝宽度的误差为 0.35%,切缝深度和表面粗糙度的误差分别为 0.87%、0.34%。从试验结果可知,表面粗糙度的模型预测值最优。

表 9-9　在气体辅助激光加工薄木时的最佳工艺参数组合

评价标准	工艺参数选择			试验值	误差 /%
	激光功率 /W	切割速度 /(mm·s⁻¹)	气体压力 /MPa	最小切缝 宽度/mm	
预测值	40	25.153	0.167	0.289	0.35
试验值	40	26	0.150	0.290	
—	激光功率 /W	切割速度 /(mm·s⁻¹)	气体压力 /MPa	最大切缝 深度/mm	—
预测值	50	22.014	0.168	3.682	0.87
试验值	50	22	0.150	3.650	
—	激光功率 /W	切割速度 /(mm·s⁻¹)	气体压力 /MPa	最小面粗 糙度/μm	—
预测值	40.096	24.498	0.2	1.744	0.34
试验值	40	24	0.2	1.750	

图 9-16 为激光功率 40 W、切割速度 24 mm/s、气体压力 0.2 MPa 时气体辅助激光加工薄木的切割质量。由图 9-16(a)可以看出,传统激光加工薄木时所得的

切缝质量较差,切缝底部产生大量的熔渣堆积,切缝内部两侧比较粗糙,这是因为激光作用区域的木材燃烧及气化所产生的熔融物质无规律附着在切缝两侧或堆积于切缝底部而造成的。由图 9-16(b)可以看出,在气体辅助激光加工薄木时,切缝表面加工质量得到明显改善,这是因为在气体射流的保护下减少了不完全燃烧反应产生的残渣及碳化物附着,同时气流的冲击冷却作用将不能有效燃烧的部分材料从切缝底部排出,减少了残留物在切缝壁面形成的凝固层,因此,切缝较为光滑平整,切缝沿垂直方向比较平直。由图 9-16(c)可以看出,在最佳试验参数下切缝表面比较光滑,管胞内几乎没有残留物,这是因为优选后气体辅助激光加工各参数的组合更合理,有效发挥了各自的积极意义。在激光与辅助气体的协同作用下,气体射流保护切割表面,通过气流的阻燃作用减少了燃烧放热反应对细胞内壁的破坏,利用气流的冷却与冲刷作用带走了气化后的颗粒残留物,因此,切缝表面质量得到了改善。

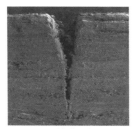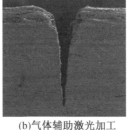

(a)传统激光加工　　　　(b)气体辅助激光加工　　(c)切缝表面微观形貌

图 9-16　激光功率 40 W、切割速度 24 mm/s、气体压力 0.2 MPa 时气体辅助激光加工薄木的切割质量

9.5　气体辅助激光加工薄木的应用实例

激光加工是先进制造技术加工领域中最具发展前景的创新技术。将先进的设计理念应用于木材加工技术中,通过气体辅助激光加工工艺实现加工精度的提高和表面质量的改善,是解决高档木材精加工的重要手段。因此将试验结果应用于

实际生产加工中是验证该技术合理性的重要环节。以下加工参数均采用最优化的数值进行一系列的加工试验。

图9-17为激光功率40 W、切割速度24 mm/s、气体压力0.2 MPa时气体辅助激光加工厚度为2 mm樱桃木薄木得到的五角星和圆形花朵造型。在图9-17(a)中,五角星的锐角尖端圆弧半径很小、角度准确、切割边缘整齐、几乎无热影响区,表面碳化区域较小。在图9-17(b)中,半圆连接点的圆弧弧度准确,起点和终点衔接平滑。

(a)五角星　　　　(b)圆形花朵

图9-17　激光功率40 W、切割速度24 mm/s、气体压力0.2 MPa时气体辅助激光加工厚度为2 mm樱桃木薄木得到的五角星和圆形花朵造型

图9-18为采用相同工艺参数下通过镂空方式加工樱桃木薄木。在图9-18(a)中,因为激光束半径是250 μm,因此,在三角形的锐角尖端呈现圆弧形、锐角角度准确、边缘整齐、几乎无热影响区,表面碳化区域较小。在图9-18(b)中,采用激光加工可以克服传统机械加工运动精度及转角半径的限制,不受加工尺寸的约束,可以加工任意角度的零部件。

 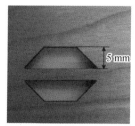

(a)三角形　　　　(b)梯形

图9-18　采用相同工艺参数下通过镂空方式加工樱桃木薄木

采用激光功率40 W、切割速度24 mm/s、气体压力0.2 MPa,加工厚度为2 mm

的樟子松薄木和白枫木薄木,加工得到的样件如图9-19所示。由图9-19可以看出,样件表面基本保持原有色泽,切缝边缘热影响区较小,切出的圆弧和直线形状准确。但是由于木材密度及孔隙结构的差异,导致该参数下的加工质量不是最优,仅用于验证气体辅助激光加工工艺在薄木加工应用中的优越性。

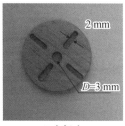

(a)樟子松　　　　　　　(b)白枫木

图9-19　气体辅助激光加工樟子松薄木和白相木薄木

以上加工样件验证了气体辅助激光加工薄木工艺具有良好的加工性能,并具有广泛的适应性。切割过程中切缝周围光洁度较好,切割轮廓整齐、准确,切割质量均匀,加工过程中,工作台只需要做简单的二维运动即可加工各种三维工件,不受加工尺寸和加工余量的约束,在木制品精加工和木质材料家居装饰等领域具有广阔的应用前景。

9.6　本章小结

通过对气体辅助激光加工的工艺分析,选取樱桃木作为气体辅助激光加工试验的切割材料,研究了传统激光加工和气体辅助激光加工过程中工艺参数对切割质量与加工精度的影响规律,并得到以下结论。

(1)通过对比相同工艺参数下传统激光加工和气体辅助激光加工薄木切割试验可知,气体辅助激光加工比传统激光加工获得的切缝宽度更小、表面粗糙度较小且表面更光滑。顺纹切割方式下切缝宽度和表面粗糙度均小于横纹切割方式,通过扫描电子显微镜观察切缝的微观形貌以及碳含量可知,受木材纹理结构的影响,顺纹切割时碳含量明显小于横纹切割。

（2）通过单因素试验分析，得到激光功率、切割速度和气体压力均对木材切割质量具有显著影响。结果表明，切缝宽度与表面粗糙度均随切割速度和辅助气体压力的增大而减小，但切缝深度随激光功率和辅助气体压力的增大而增大。采用响应曲面法建立以切缝宽度、切缝深度和表面粗糙度为评价标准的数学模型，分析激光功率、切割速度、气体压力对响应因素影响的交互作用，完成评价指标与参数之间定量关系的确立。

（3）通过对比二次数学模型的预测值与试验值之间的误差，表明所建立的数学模型具有很好的预测效果，优选合理的工艺参数组合并进行试切。当激光功率为 40.096 W、切割速度为 24.498 mm/s、气体压力为 0.2 MPa 时，获得最小表面粗糙度为 1.744 μm，与实际粗糙度测量值 1.75 μm 基本一致。通过扫描电子显微镜观察切缝的微观形貌可以看出，气体辅助激光加工薄木的切缝表面以及管胞周围比较清晰，几乎没有残留物，内壁完整，表面平滑。

结　　论

　　本书针对传统激光加工木材所面临的碳化烧蚀严重、表面色差较大、加工精度不理想等现象,提出了气体辅助激光加工复合工艺方法,为有效提高加工精度、改善表面质量、拓宽应用领域、实现木质材料精加工开辟了新思路。本书系统性研究了气体辅助激光加工薄木的成型机理,通过数值模拟与仿真从宏观层面揭示了激光加工过程中的温度场分布以及传热过程,采用实验验证方法,从微观角度分析了工艺参数对成型质量的影响,为木制品加工工艺实现自动化切割奠定了基础。主要得到以下结论。

　　(1)提出将气体辅助工艺与木材激光加工技术相结合,通过分析激光与辅助气体和木材的相互作用过程,深入探究了气体辅助激光加工薄木的成型机理。基于前期理论基础,通过试验研究传统激光加工、氮气辅助、氩气辅助3种形式下气体射流对成型质量的影响,由于氩气作为惰性气体具有较强的淬熄能力,在木材表面形成断氧保护层,有效隔绝了氧气防止燃烧反应对热影响区及表面碳化的影响,对薄木的切割质量及表面色差有了很大的改善,为后续深入研究气体辅助激光加工薄木过程中的热量传导以及流场结构提供了前期理论基础。

　　(2)建立气体辅助激光加工薄木的温度场仿真模型,选择旋转体高斯热源模型并获得了气体辅助激光加工过程中切缝形成的动态演化规律以及加工参数对温度分布的影响。氩气辅助激光加工过程中,切缝表面温度显著减小,同时烧蚀体积和炭黑体积均相对减小,表明氩气作为惰性气体在激光切割木材过程中具有断氧阻燃抑制燃烧的作用,减少了由于燃烧反应带来的热量释放。通过不同激光功率和光斑半径对烧蚀损伤体积与气化体积展开研究,获得了气体辅助激光加工薄木的损伤体积和气化体积均随激光功率的增大而增大,随光斑半径的增大呈现不规律变化。

　　(3)构建气体辅助激光加工薄木过程中的气流扩散模型,并通过模型求解木材不发生燃烧反应的浓度区间,获得了当氩气与空气混合后氩气的浓度高于

37.5%时,即使温度超过木材的燃点也不会发生燃烧。通过气体射流在木材加工表面及切缝内部气流场结构分析,对比有或者无燃烧放热反应对流场结构、压力分布和气流速度的影响规律,获得了氦气辅助激光加工过程中由于不发生燃烧反应,流场结构稳定,流束比较集中垂直,同时氦气的密度较小导致气流的流速和压力都有所提高,并产生较大的剪切力。研究不同气体压力和喷嘴与工件距离对流场结构的影响,对比分析其各个特征量的影响规律,获得了气流速度和剪切力随气体压力的增大而增大,当气压增大到一定值时,切缝内的流场结构将变得复杂,对加工质量将产生不利影响。

(4)以樱桃木为试验材料,对比传统激光加工与气体辅助激光加工对切缝宽度以及表面粗糙度的影响,切缝宽度和表面粗糙度都随着激光功率的增大而增大,随切割速度的增大而减小,但气体辅助激光加工后的切缝宽度和表面粗糙度均较小,同时顺纹切割的方式优于横纹切割。通过对切缝表面微观形貌分析表明气体辅助激光加工后管胞清晰,内壁表面平滑,几乎没有残留物。

(5)通过气体辅助激光加工薄木的工艺研究,采用响应曲面法建立用于描述加工参数交互作用的数学模型,揭示切缝宽度、切缝深度和表面粗糙度与工艺参数之间的定量关系,通过预测值与试验值的对比,验证所建立的二次数学模型具有较好的预测效果。通过误差分析获得表面粗糙度预测的最优模型,当激光功率为40.096 W、切割速度为 24.498 mm/s、气体压力为 0.2 MPa 时,获得最小表面粗糙度为 1.744 μm,与表面粗糙度的试验值 1.75 μm 基本一致。通过扫描电子显微镜对微观结构进行分析,优化后的切缝表面更加平滑且细胞壁未被破坏,管胞清晰。

参 考 文 献

[1]   程瑞巧.市场导向对木材加工产业发展影响与对策[J].林产工业,2020,57(11):88-89,92.

[2]   王俊青.木材加工数控系统智能控制子系统研究开发[D].北京:北京林业大学,2013.

[3]   MACAK T,HRON J,STUSEK J. A causal model of the sustainable use of resources: a case study on a woodworking process[J]. Sustainability,2020, 12(21):1-22.

[4]   PENÍN L,LÓPEZ M,SANTOS V,et al. Technologies for eucalyptus wood processing in the scope of biorefineries:a comprehensive review[J]. Bioresource Technology, 2020, 311:1-15.

[5]   罗山鹰,陈水合.论我国木材加工业与林业生态的关系[J].中国人造板, 2016,23(12):34-36.

[6]   杨阿莉.森林保护和森林资源的开发利用探究[J].现代园艺,2019(11):200-201.

[7]   GABRIEL D,LAURA B. Managing innovations in wood harvesting and primary processing firms-case study of Suceava[J]. Forestry Studies, 2007,46:89-101.

[8]   OLLONQVIST P. Innovations in wood-based enterprises, value chains and networks:an introduction[J]. Innovation in Forestry Territorial & Value Chain Relationships, 2011(12):189-203.

[9]   李永峰,刘一星,于海鹏,等.木材流体渗透理论与研究方法[J].林业科学, 2011(2):134-144.

[10]   王赫昱,黄海兵.高新技术在木材加工中的应用研究[J].科学技术创新, 2019(32):138-139.

[11]   向仕龙,李赐生.木材加工与应用技术进展[M].北京:科学出版社,2010.

[12]   王炳云.激光切削在木材加工中的应用[J].林业科技开发,1994(1): 25-27.

[13]   张韶辉.激光切割工艺技术研究[D].西安:西安理工大学,2005.

[14] 马西宁.激光加工技术的应用现状及发展趋势[J].电子技术与软件工程,2019(7):104-105.

[15] OLAKANMI E O, COCHRNE R F, DALGARNO K W. A review on selective laser sintering/melting (SLS/SLM) of aluminium alloy powders: processing, microstructure, and properties[J]. Progress in Materials Science, 2015, 74: 401-477.

[16] 姜新波,李晋哲,白岩,等.激光切割木材试验及其加工质量的影响因素分析[J].激光与光电子学进展,2016,53(3):128-132.

[17] 汪玉琪.激光加工技术的应用研究[J].现代制造技术与装备,2019(3):102-103.

[18] 杨立军,孔宪俊,王扬,等.激光微孔加工技术及应用[J].航空制造技术,2016,59(19):32-38.

[19] 彭晓瑞,张玲,张占宽.激光技术在木材加工中的应用与发展[J].西北林学院学报,2021,36(5):202-206.

[20] 直妍.激光技术在材料加工中的应用与发展趋势[J].热加工工艺,2014,43(1):22-23.

[21] 曹欢玲.木材切削表面粗糙度测试技术的研究[D].杭州:浙江工业大学,2012.

[22] 何乃彰.激光在木材加工工业中的应用[J].木材工业,1989,3(4):39-44.

[23] 刘晓婉.激光加工技术的研究发展现状[J].中国新技术新产品,2016(18):54-55.

[24] 汤晓华,任洪娥,姜新波,等.木材的激光去除成型技术方法研究[J].林业机械与木工设备,2002,30(7):10-13.

[25] TAYAL M, BARNEKOV V, MUKHERJEE K. Focal point location in laser machining of thick hard wood[J]. Journal of Materials Science Letters, 1994, 13(9):644-646.

[26] YANG C, ZHU X, KIM N H, et al. Experimental design and study of micro-nano wood fiber processed by nanosecond pulse laser[J]. Bioresources, 2016, 11(4):8215-8225.

[27] ELTAWAHNI H A, OLABI A G, BENYOUNIS K Y. Investigating the CO_2 laser cutting parameters of MDF wood composite material[J]. Optics & Laser

Technology, 2011, 43(3):648-659.

[28] ELTAWAHNI H A, ROSSINI N S, DASSISTI M, et al. Evalaution and optimization of laser cutting parametersfor plywood materials[J]. Optics & Lasers in Engineering, 2013, 51(9):1029-1043.

[29] BAI H Z, MAHDAVIAN S M. Experimental and theoretical analyses of cutting nonmetallic materials by low power CO_2-laser[J]. Journal of Materials Processing Technology, 2004, 146(2):188-192.

[30] GURAU L, PETRU A. The influence of CO_2 laser beam power output and scanning speed on surface quality of norway maple (acer platanoides)[J]. Bioresources, 2018, 13(4):8168-8183.

[31] GUO X L, DENG M S, YONG H, et al. Morphology, mechanism and kerf variation during CO_2 laser cutting pine wood[J]. Journal of Manufacturing Processes, 2021, 68:13-22.

[32] HERNÁNDEZ-CASTAÑEDA J C, SEZER H K, LI L. The effect of moisture content in fibre laser cutting of pine wood[J]. Optics and Lasers in Engineering, 2011, 49(9-10):1139-1152.

[33] 吴哲,陈哲,马岩,等.激光烧灼后的木材表面特征比较研究[J].西北林学院学报,2018,33(5):189-194.

[34] 赵洪刚,刘彦龙,孙耀星,等.激光切割工艺参数对切割樟子松切缝效率的影响[J].南京林业大学学报(自然科学版),2016,40(6):203-206.

[35] 李晋哲.木材激光加工质量的微观分析与实验研究[D].哈尔滨:东北林业大学,2016.

[36] 马岩,缪骞,杨春梅,等.基于LOM技术激光切割薄木模型构建[J].西北林学院学报,2020,35(1):268-272.

[37] 邓敏思,吉富堂,那斌,等.激光技术在切割木质复合材料中的应用[J].林业机械与木工设备,2020,48(7):9-15.

[38] FUKUTA S, NOMURA M, IKEDA T, et al. Wavelength dependence of machining performance in UV-, VIS-and NIR-laser cutting of wood[J]. Journal of Wood Science, 2016, 62(4):1-8.

[39] HORVATH P G. Determination of the minimum intact dimensions available in practical applications of laser cutting[J]. PROLIGNO, 2016, 12(2):9-16.

［40］ BARCIKOWSKI S, KOCH G, ODERMATTJ. Characterisation and modification of the heat affected zone during laser material processing of wood and wood composites［J］. Holz als Roh-und Werkstoff, 2006, 64(2):94-103.

［41］ GAFF M, RAZAEI F, SIKORA A, et al. Interactions of monitored factors upon tensile glue shear strength on laser cut wood［J］. Composite Structures, 2020, 234(2): 1-10.

［42］ LI R R, XU W, WANG X D, et al. Modeling and predicting of the color changes of wood surface during CO_2 laser modification［J］. Journal of Cleaner Production, 2018,183:818-823.

［43］ KORTSALIOUDASKIS N, PETRAKIS P, MOUSTAIZIS S, et al. An application of a laser drilling technique to firand spruce wood specimens to improve their permeability ［C］// The International Scientific and Technical Conference, Innovations in Forest Industry and Engineering Design. ISSN 2367-6663, 2015,5-13.

［44］ 秦理哲,林兰英,傅峰. 木材胶合界面微观结构样品制备新方法:激光烧蚀技术［J］. 林业科学,2018,54(4):93-99.

［45］ 白岩,杨春梅,吴哲,等. 激光烧蚀实木异型表面的微观形貌实验［J］. 光学精密工程,2016,24(10):123-128.

［46］ 翟文贺,王晓楠,薛树成,等. 利用脉冲激光对木制品表面抛光技术的研究［J］. 机械工程师,2014(7):27-28.

［47］ 任萌萌,倪晓昌,王宣,等. 基于 CO_2 激光加工机的木材雕刻工艺参数研究［J］. 天津职业技术师范大学学报,2012,22(4):21-24.

［48］ 赵静,钱桦,张厚江,等.激光雕刻木材工艺参数的研究［J］.木材加工机械, 2006,17(6):15-17.

［49］ 招赫.激光加工木烙画的研究［D］.哈尔滨:东北林业大学,2019.

［50］ 王霄.激光加工技术的应用现状与未来发展分析［J］.科学技术创新,2017 (22):34-35.

［51］ 刘敬明,曹凤国.激光复合加工技术的应用及发展趋势［J］.电加工与模具, 2006(4):5-9.

［52］ 瞿伟成,杨博程,刘延辉,等.激光表面加工技术的发展与现状［J］.热加工工艺,2017,46(20):38-41.

［53］ YILBAS B S, SHUJA S Z, BUBAIR M O. Nano-second laser pulse heating and assisting gas jet considerations [J]. International Journal of Machine Tools & Manufacture, 2000, 40(7):1023-1038.

[54] REICHENZER F, STEFAN D, HERKOMMER A. Transient simulation of laser beam propagation through turbulent cutting gas flow [J]. Advanced Optical Technologies, 2019, 8(2):129-134.

[55] CEKIC A, BEGIC-HAJDAREVIE D, KULENOVIC M, et al. CO_2 laser cutting of alloy steels using N_2 assist gas [J]. Procedia Engineering, 2014, 69: 310-315.

[56] MAN H C, DUAN J, YUE T M. Dynamic characteristics of gas jets from subsonic and supersonic nozzles for high pressure gas laser cutting [J]. Optics & Laser Technology, 1998, 30(8):497-509.

[57] TSENG C S, CHEN C M, WANG C C. A visual observation of the air flow pattern for the high speed nozzle applicable to high power laser cutting and welding [J]. International Communications in Heat & Mass Transfer, 2013, 49 (12):49-54.

[58] VICANEK M, SIMON G. Momentum and heat transfer of an inert gas jet to the melt in laser cutting [J]. Journal of Physics D Applied Physics, 1987, 20(9): 1191.

[59] MEŠKO J, NIGROVIČ R, ZRAK A. The influence of different assist gases on ductile cast iron cutting by CO_2 laser [J]. Nephron Clinical Practice, 2017, 17 (4):109-114.

[60] SALEM H G, MANSOUR M S, BADR Y, et al. CW Nd:YAG laser cutting of ultra low carbon steel thin sheets using O_2 assist gas [J]. Journal of Materials Processing Technology, 2008, 196(1-3):64-72.

[61] WANDERA C, SAIMINEN A, KUJANPAA V. Inert gas cutting of thick-section stainless steel and medium-section aluminum using a high power fiber laser [J]. Journal of Laser Applications, 2009, 21(3):154-161.

[62] SUNDAR M, NATH A K, BANDYOPADHYAY D K, et al. Effect of process parameters on the cutting quality in lasox cutting of mild steel [J]. The International Journal of Advanced Manufacturing Technology, 2009, 40(9-10):865-874.

［63］ ZHOU Y, KONG J, ZHANG J. Study on the role of supersonic nozzle in fiber laser cutting of stainless steel［J］. Materials Sciences & Applications，2017，8 （1）：85−93.

［64］ HSU J C, LIN W Y, CHANG Y J, et al. Continuous-wave laser drilling assisted by intermittent gas jets［J］. International Journal of Advanced Manufacturing Technology，2015，79（1−4）：449−459.

［65］ RIVEIRO A, QUINTERO F, LUSQUIOS F, et al. Influence of assist gas nature on the surfaces obtained by laser cutting of Al-Cu alloys［J］. Surface & Coatings Technology，2010，205（7）：1878−1885.

［66］ RIVEIRO A, QUINTERO F, LUSQUIÑOS F, et al. The role of the assist gas nature in laser cutting of aluminum alloys［J］. Physics Procedia，2011，12：548−554.

［67］ 郭绍刚. 激光切割中高压辅助气体流场分析与喷嘴结构改进［D］. 上海：上海交通大学，2008.

［68］ 王智勇，陈铠，左铁钏，等. 辅助气体对激光打孔的影响［J］. 激光杂志，2000，21（6）：44−46.

［69］ 陈宇翔，高亮. 不同辅助气体对薄硅钢片的激光切割影响［J］. 机械设计与制造，2017（3）：189−191.

［70］ 高亮，陈宇翔，苗露. 四种辅助气体对激光切割镀锌板的影响［J］. 应用激光，2016，36（5）：585−589.

［71］ 冯志国. 激光沉积 TA15 钛合金惰性气体局部保护研究［D］. 沈阳：沈阳航空航天大学，2017.

［72］ 王家明，赵彦华，路来骁，等. 激光增材制造铁基合金组织性能控制研究进展［J］. 山东建筑大学学报，2021，36（4）：69−79.

［73］ 张津超，石拓，李刚，等. 开放环境下激光内送粉熔覆 TC4 钛合金的氧化行为［J］. 表面技术，2020，49（2）：254−262.

［74］ 葛亚琼，王文先，崔泽琴，等. 辅助气体对 5A06 铝合金 Nd：YAG 激光切割质量的影响［J］. 应用激光，2008（5）：358−361.

［75］ ZAITSEV A V, EEMOLAEV G V. Combustion effects in laser-oxygen cutting：basic assumptions, numerical simulation and high speed visualization［J］. Physics Procedia，2014，56：865−874.

[76] 王宝和,雷广平,王维.饱和氩气体热力学性质的分子动力学模拟[J].河南化工,2020,37(3):19-23.

[77] KOVALEV O B, YUDIN P V, ZAITSEV A V. Modeling of flow separation of assist gas as applied to laser cutting of thick sheet metal[J]. Applied Mathematical Modelling, 2009, 33(9):3730-3745.

[78] RUN Y, BO Y, RUAN H Y, et al. Flow field analysis of gas jets from nozzles for gas-assisted laser cutting[J]. Key Engineering Materials, 2010, 419:409-412.

[79] DARWISH M, MRNA L, ORAZI L, et al. Numerical modeling and schlieren visualization of the gas-assisted laser cutting under various operating stagnation pressures[J]. International Journal of Heat and Mass Transfer, 2020, 147(2):1-11.

[80] MELHEM O A, YILBAS B S, SHUJA S Z, et al. Influence of assisting gas type on the nusselt number and the skin friction on slots in relation to laser cutting[J]. Heat Transfer Engineering, 2013, 34(10-12):852-862.

[81] ARSHED G M, SHUJA S Z, YIBAS B S, et al. Investigation into flow field in relation to laser gas assisted processing:influence of assisting gas velocity on the flow field[J]. Numerical Heat Transfer, Part A: Applications, 2014, 65:556-583.

[82] TOSHIHIDE H, TOSHIHARU M, MASANORI Y, et al. Influence of kerf widths to an assist gas flow in laser cutting[C]// International Conference on Jets. The Japan Society of Mechanical Engineers, 2013.

[83] GRIGORYANTS A G, TRETYAKOV R S, SHIGANOV I N, et al. Optimization of the shape of nozzles for coaxial laser cladding[J]. Welding International, 2015, 29(8):639-642.

[84] LEIDINGER D, SCHUOECKER D. Investigations of the gas flow of conic-cylindrical and supersonic nozzles in a laser cut kerf[C]// Gas Flow & Chemical Lasers: Tenth International Symposium. International Society for Optics and Photonics, 1995.

[85] CHEN K. Gas jet-workpiece interactions in laser machining[J]. Journal of Biomolecular Screening, 2000, 122(3):429-438.

［86］ 孙凤,宋园园,赵庆龙,等. 激光切割中离轴量影响气体动力学性能的研究 ［J］. 中国激光,2020,47(4):82-91.

［87］ 张驰,温鹏. 辅助气体流场对 LASOX 法激光切割能力和质量的影响［J］. 焊 接,2014(6):11-15.

［88］ 张一,李强,佟玲,等. 激光切割辅助气体参数对切割质量影响的仿真分析 ［J］. 机械工程与自动化,2020(4):44-46.

［89］ 吕建军. 激光切割中辅助气体流场分析与喷嘴结构参数优化［D］. 镇江:江 苏大学,2009.

［90］ 刘坤阳. 激光切割辅助气体数值模拟及切割状态监控若干问题研究［D］. 秦 皇岛:燕山大学,2012.

［91］ 温鹏,王威,谭向虎,等. 激光能量和辅助气体对切割能力影响的数值模拟 ［J］. 焊接学报,2013,34(4):57-60.

［92］ AL-SULAIMAN F, YILBAS B S, AHSAN M, et al. CO_2 laser cutting of kevlar laminate:influence of assisting gas pressure［J］. The International Journal of Advanced Manufacturing Technology, 2009, 45(1-2):62-70.

［93］ MUKHERJEE K, GRENDZWELL T, KHAN P A A, et al. Gas flow parameters in laser cutting of wood-nozzle design［J］. Forest Products Journal, 1990, 40 (10):39-42.

［94］ HERNANDEZ-CASTANEDA J C, SEZER H K, LI L. Dual gas jet-assisted fibre laser blind cutting of dry pine wood by statistical modelling［J］. The International Journal of Advanced Manufacturing Technology, 2010, 50(1): 195-206.

［95］ HERNANDEZ-CASTANEDA J C, SEZER H K, LI L. Single and dual gas jet effect in ytterbium-doped fibre laser cutting of dry pine wood［J］. International Journal of Advanced Manufacturing Technology, 2011, 56(5-8):539-552.

［96］ NUKMAN Y, ISMAIL S R, AZUDDIN M, et al. Selected malaysian wood CO_2-laser cutting parameters and cut quality［J］. American Journal of Applied Sciences, 2008, 5(8):990-996.

［97］ LUM K C P, NG S L, BLACK I. CO_2 laser cutting of MDF. 1. determination of process parameter settings［J］. Optics & Laser Technology, 2000, 32(1): 67-76.

[98]　马启升.激光切削木材中的气流参数-喷嘴设计[J].木材加工机械,1992
　　　(2):22-24.

[99]　曹平祥.木材激光切割及影响因素[J].木工机床,1995(3):1-7.

[100]　管雪松,徐丽.木材纹理之美与应用探究[J].家具与室内装饰,2018(1):
　　　70-71.

[101]　崔强强.细木工带锯机曲线送料平台及其数控实现的研究[D].哈尔滨:东
　　　北林业大学,2012.

[102]　徐兆军,周勇,丁建文.数控曲线带锯机的数控系统设计[J].木材加工机
　　　械,2006(6):8-10.

[103]　丁建文,郝宁仲,徐兆军,等.数控木工曲线带锯机的研制[J].木材加工机
　　　械,2005,16(3):16-19.

[104]　任长清,姜鑫,李金磊,等.曲线带锯机锯路宽度及锯切半径的分析[J]林
　　　产工业,2018,2(45):50-54.

[105]　LEE M. Recent trends of the material processing technology with laser-
　　　ICALEO 2014 review[J]. Journal of Welding & Joining, 2015, 33(4):
　　　7-16.

[106]　FLAVIANA F, GIACOMO L, ULRICH S, et al. Study of the influences of
　　　laser parameters on laser assisted machining processes[J]. Procedia CIRP,
　　　2013, 8:170-175.

[107]　杨春梅,蒋婷,刘九庆,等.红松水导纳秒激光烧蚀机制及加工试验[J].林
　　　业科学,2020,56(8):204-211.

[108]　姜新波,胡昊,刘九庆,等.纳秒水导激光加工木材工艺探讨[J].林业科
　　　学,2018,54(1):121-127.

[109]　杨春梅,蒋婷,马岩,等.木材水导纳秒激光加工设备设计与试验[J].林产
　　　工业,2019,46(5):12-16,53.

[110]　李苏,张占辉,韩善果,等.激光技术在材料加工领域的应用与发展[J].精
　　　密成形工程,2020,12(4):76-85.

[111]　彭凯,彭玉海,侯红玲.激光加工技术的发展现状及展望[J].山东工业技
　　　术,2014(20):39.

[112]　KAČÍ F, KAČÍKOVÁ D, BUBENÍKOVÁ T. Spruce wood lignin alterations after
　　　infrared heating at different wood moistures[J]. Cellulose Chemistry &

Technology，2006，40（8）：643-648.

[113] LEONE C，LOPRESTO V，IORIO I D. Wood engraving by Q-switched diode-pumped frequency-doubled Nd：YAG green laser［J］. Optics & Lasers in Engineering，2009，47（1）：161-168.

[114] LAZOV L，NARICA P，VALINIKS J，et al. Optimization of CO_2 laser parameters for wood cutting ［J］. Environment Technology Resources Proceedings of the International Scientific and Practical Conference，2017，3：168-173.

[115] 张剑峰，张建华，赵剑峰，等.激光快速成形制造技术的应用研究进展[J].航空制造技术，2002（7）：34-37.

[116] 梁奕岚，王芳，李俊辉，等.激光雕刻和切割深度影响因素研究[J].中国科技信息，2017（6）：87-88.

[117] 吴家洲.激光深熔焊接过程流体流动分析和传热传质机理研究[D].南昌：南昌大学，2019.

[118] 吕雪明.组合脉冲激光致硅材料损伤机理研究[D].南京：南京理工大学，2018.

[119] 许兆美. Al_2O_3 陶瓷材料纳秒激光铣削机理与工艺研究[D].镇江：江苏大学，2018.

[120] 胡彦萍.激光内雕技术在工艺品上的应用[J].机械工程与自动化，2020，220（3）：134-135，140.

[121] 高岩.脉冲激光切割裂解槽热-力耦合仿真及辅助气体流场分析[D].长春：吉林大学，2019.

[122] 黄骁勇.紫外纳秒激光对硬质木材表面烧蚀机理的研究[D].北京：北京林业大学，2020.

[123] SUN D W，CAI Y，LI F，et al. Study on the influence of side assisting gas on energy loss during CO_2 laser welding based on 3D reconstruction［J］. The International Journal of Advanced Manufacturing Technology，2016，86：3417-3426.

[124] 韩玉杰，朱国玺，郭晓刚.木材的激光去除成型技术方法研究[J].林业机械与木工设备，2002（10）：16-18.

[125] 高文嫱.激光切槽流体场与温度场耦合系统建模与仿真[D].长春：吉林大

学,2015.

[126] 孙运强.激光内通道传输的气体热效应研究[D].长沙:中国人民解放军国防科技大学,2011.

[127] SMITH D C. High-power laser propagation: thermal blooming[J]. Proceedings of the IEEE, 1977, 65(12):1679-1714.

[128] WAIRIMU G, IKUA B W, KIONI P N. CO_2 laser machining of wood, perspex and glass with and without use of assist gas[J]. International Journal of Scientific Research and Innovative Technology, 2015,2(2):128-133.

[129] 喻健良,陈鹏.惰性气体对爆燃火焰淬熄的影响[J].燃烧科学与技术,2008,14(3):193-198.

[130] 陈雪辉.低压射流辅助激光刻蚀的试验研究及数值模拟[D].南京:南京理工大学,2019.

[131] NADERI N, LEGACEY S, CHIN S L. Preliminary investigations of ultrafast intense laser wood processing[J]. Forest Products Journal, 1999, 49(6):72-76.

[132] 张全顺,汪丽娜,侯继军.激光焊接数值模拟不同热源分析[J].西部资源,2015(4):57-58.

[133] 顾兰,张彦华.高能束深熔焊接热源计算模型分析[C]//二十一世纪中国焊接技术研讨会,计算机在焊接中的应用技术交流会.中国机械工程学会,2004.

[134] 马悦.双椭球焊接热源模型一般式的数值模拟研究[D].天津:河北工业大学,2015.

[135] 倪梁华,董再胜,沈邝,等.激光深熔焊热源模型的研究现状[J].科技信息,2012(1):7-9.

[136] 谷京晨,童莉葛,黎磊,等.焊接数值模拟中热源的选用原则[J].材料导报,2014,28(1):143-146.

[137] 纪利平,宋梓钰,孙亚萍,等.基于 COMSOL 的皮秒激光单脉冲烧蚀铜片[J].激光与光电子学进展,2018,55(10):198-204.

[138] 刘红伟,王群,李京龙,等.基于 COMSOL 的铝合金激光-MIG 复合焊耦合作用研究[J]. Hot Working Technology, 2016, 45(19):218-222.

[139] 赵云龙.两种惰性气体扩散混合规律研究[D].绵阳:中国工程物理研究院,2015.

[140] 薛西岳.火电机组燃烧系统烟气含氧量预测[D].保定:华北电力大学,2019.

[141] 宫聚辉,邵婷婷,路平,等.煤和沙柳的 O_2/CO_2 混合燃烧特性及相互作用研究[J].中国农业科技导报,2017,19(10):96-106.

[142] YAO J F, YU M H, ZHAO T, et al. Investigationof CO_2 absorption performanceina gas-liquid two-phase flow atomizeronthe basisofa gas diffusion model[J]. Transactions of the Canadian Society for Mechanical Engineering, 2017, 41(4):1-11.

[143] 陈卓如.工程流体力学[M].北京:高等教育出版社,2019.

[144] 程潮.水幕稀释氨气泄漏扩散机理研究[D].天津:天津大学,2015.

[145] 王凯,梁庭,雷程,等.CO_2 激光器加工晶圆切缝控制工艺研究[J].传感器与微系统,2013,32(3):56-58.

[146] 李俊昌,熊秉衡.信息光学理论与计算[M].北京:科学出版社,2009.

[147] KJBOVSKY I, KACIK F. FT-IR study of maple wood changes due to CO_2 laser irradiation [J]. Cellulose Chemistry & Technology, 2009, 43 (7-8): 235-240.

[148] ZIMMERMANN C, LEMCKE F J, KABELAC S. Nusselt numbers from numerical investigations of turbulent flow in highly eccentric horizontal annuli [J]. International communications in heat and mass transfer, 2019, 109(12): 1-6.

[149] KABARDIN I K, YAVORSKY N I, MELDIN V G, et al. Experimental investigation of applicability limits of K-e turbulent model and reynolds stresses transfer model in rotary-divergent flow under control via turning blades[J]. Siberian Thermophysical Seminar, 2020,1(1677):1-6.

[150] 蒋婷.木材水射流辅助激光加工有限元仿真及实验研究[D].哈尔滨:东北林业大学,2020.